新手妈妈头两年

我是妈妈也是"我"

陈大可 著

中国铁道出版社有限公司
CHINA RAILWAY PUBLISHING HOUSE CO., LTD.

图书在版编目（CIP）数据

新手妈妈头两年：我是妈妈也是"我" / 陈大可著 . —北京：
中国铁道出版社有限公司，2021.11
ISBN 978-7-113-28416-9

Ⅰ.①新… Ⅱ.①陈… Ⅲ.①婴幼儿 - 哺育 Ⅳ.① TS976.31

中国版本图书馆 CIP 数据核字（2021）第 192381 号

书　　名：新手妈妈头两年——我是妈妈也是"我"
　　　　　XINSHOU MAMA TOU LIANGNIAN：WO SHI MAMA YE SHI WO
作　　者：陈大可

策　　划：叶凯娜　　　　　电话：（010）51873345
责任编辑：王晓罡
装帧设计：闽江文化
责任校对：孙　玫
责任印制：赵星辰

出版发行：中国铁道出版社有限公司（100054，北京市西城区右安门西街 8 号）
印　　刷：三河市兴达印务有限公司
版　　次：2021 年 11 月第 1 版　2021 年 11 月第 1 次印刷
开　　本：880 mm×1 230 mm　1/32　印张：9.5　字数：173 千
书　　号：ISBN 978-7-113-28416-9
定　　价：58.00 元

写在前面的话

古装戏里，女主角一捂着嘴巴作势要呕吐，旁边的人就会非常善解人意地过来凑个趣儿："哎呀，是不是有了?"女主角娇羞地点点头，再穿插几个挺着大肚子走路的镜头，就可以直接产房传喜讯了。到了现代剧，好像也没有什么比古装戏更进步的地方。气喘吁吁、满头是汗的产妇一使劲，医生就抱了一个胖娃娃出来。随后镜头一转，就是岁月静好，孩子上小学了。然而，中间省略的那些怀胎十月、养育孩子的片段，恰恰是我们最需要了解的。

在真实的养娃过程中，妈妈们需要完成身份的转变、作息的更改、生活重心的调整，面临的是数不清的难题和挑战。过度美化生育和养娃的过程，和虚假广告一样，都是不负责任的做法。

在我们的传统认知里，女性怀孕是幸福的，生孩子是痛并快乐的，成为母亲是温馨美好的。但是很少有人告诉我们，怀孕、生孩子会给女性带来一系列生理和心理变化——有好的，也有不好的。

从孩子呱呱坠地开始，所有人对妈妈的期待就非常高：她应该已经是一个育儿专家了。除了24小时负责孩子的吃喝拉撒，还要随时面对全家人抛出的疑问：

"孩子怎么老是哭？是不是吃不饱？"

"孩子一晚上醒3次，是不是饿的？得加奶粉吧？"

"孩子大便次数多，是不是踢被子着凉了？"

几乎每一个妈妈都曾经被这些问题困扰过，也会因此经常陷入深深的自责：

"是不是我做得不对？"

"我什么都做不好，我是不是不合格？"

"为什么我感受不到当妈的快乐？是我不够爱孩子吗？"

…………

慢着，先不要急着自责，让我们看一看客观规律是什么样的：

为了钢琴考级，我们遍访名师，勤学苦练；

为了英语考试，我们经常刷题，报补习班；

为了成功求职，我们苦读 16 年，手握一把文凭，才开始投递简历……

刚入伍的新兵不会在战场上独当一面，没有彩排过的演员不可能上台当主演，但是为什么在育儿这件事情上，大家对新手妈妈的期待就这么高呢？

尤其是对于当妈这么重大的事情来说，目前并没有什么系统的、靠谱儿的岗前培训。我们得到的大部分是"你们生的孩子肯定聪明""你以后肯定是个好妈妈"之类的"鸡汤"。如果你想请教一些具体的带娃问题，比如如何迅速地进入妈妈这个角色，大部分时候你得到的也不是有条理、有价值的反馈，而是对方以一种过来人的身份，略带优越感又含糊不清地说："等你当了妈自然就懂了。"恕我直言，这句话完全是瞎扯，一点儿意义也没有。

在适应当妈这件事情上，主要包含了技术和心理两个层面。在技术方面，主要是学会如何照顾新生儿，3 个月速成的育儿嫂已经代表这个领域的最高学历了。在"如何顺利成为一个妈妈"的心理领域，则是全靠大家自行领悟，口口相传。至于是否正确、有没有用，主要看运气。

有些妈妈是幸运的，家人给力，孩子省心，可以很快地实现新身份的认同和转变。但是也有的妈妈因为种种原因，迟迟不能适应自己的新身份。每个人"成为妈妈"的道路都不是一帆风顺的，我们要经历身体的变化、家庭成员的增加、养育孩子观念的冲突、日用花销的增大、生活方式的改变、人生重心的调整，以及各种生娃前完全想象不到的混乱局面。平时再能干的妈妈，面对孩子哭闹也会有束手无策的时候，在工作和孩子之间的纠结也需要更加具体的解决办法。这些，都不是用一个"爱"字就能够搞定的。

成为妈妈，其实是做出了我们这辈子对未知生活最勇敢无畏的一次选择。随之而来的是那些平淡或者辛苦的育儿生活，它会逐渐磨去我们当初勇敢的壳，露出我们内心的柔弱。"妈妈"是一个伟大的称呼，但是并没有神奇到可以"逢山开路，遇水架桥"的地步，因为除了妈妈这个身份以外，我们也只不过是一个普通人。

孩子一天天成长，我对自己"妈妈"这个身份越来越得心应手。我把自己这段难忘的心路历程分享出来，整理发布在网上，得到了很多新手妈妈的认可，获得了一些影响力，并且非常荣幸地在孩子 2 岁多的时候，收到了出版社的邀请，让我把自己带娃的心得体验分享给更多的新手妈妈们。

所以，我非常珍惜这次的出版机会，系统地整理了当妈这几年的变化历程和经验得失，把我给百万读者带来欢乐的带娃故事以及备受大家好评的育儿经验毫无保留地和盘托出。但这不是一本讲怎样养孩子的育儿书籍，而是把关注点放在"我如何成为一个妈妈"的过程。全书一共十个章节，按照从怀孕到生娃的时间顺序，完整地概括了一个新手妈妈从怀孕到孩子2岁左右的心路变化。

我想通过我的经历，让更多的新手妈妈知道，"成为妈妈"不是一瞬间就能完成的事，而是一个动态变化的过程。每个人都会经历开头的慌乱和手足无措，可能需要半年甚至一年以上的时间，才能够适应这个身份，协调好自己的生活重心。孩子在成长，我们也在成长，"成为妈妈到底意味着什么"，可能会成为我们人生中历久弥新的一个课题。这本书提到的很多方法以及育儿过程中调整心态的技巧，都是可以复用的。

所以，在这本书里我想分享给大家的是：

1. 如何从心理上做好迎接新生命的准备；

2. 怀孕、生娃和带娃时会遇到的各种挑战，如何提前做好准备；

3. 产后怎样调整心态，适应妈妈身份，快速进入角色；

4. 如何缓解育儿焦虑，找到适合自己的育儿方式；

5. 如何一边"当妈妈",一边"做自己",重新找到自我价值;

6. 如何正确面对职场变化,怎样重新进行职业规划。

一句话,帮大家快速地找到自己的带娃舒适区,做一个自信、快乐的妈妈。

....

这本书的主人公是我们一家三口:我、我老公和我女儿。我老公姓史,我女儿叫史包包。

我　　　　史包包　　　　爸爸

PART 3 初为人母

PART 4 如何应对育儿中的各种焦虑

PART 5　做有技术含量的妈妈

PART 6　带娃经济学

PART 7　重新塑造家庭关系

PART 8　聊聊带娃的趣事儿

PART 9　当妈以后，我的进步

PART 10　说说妈妈的职业选择

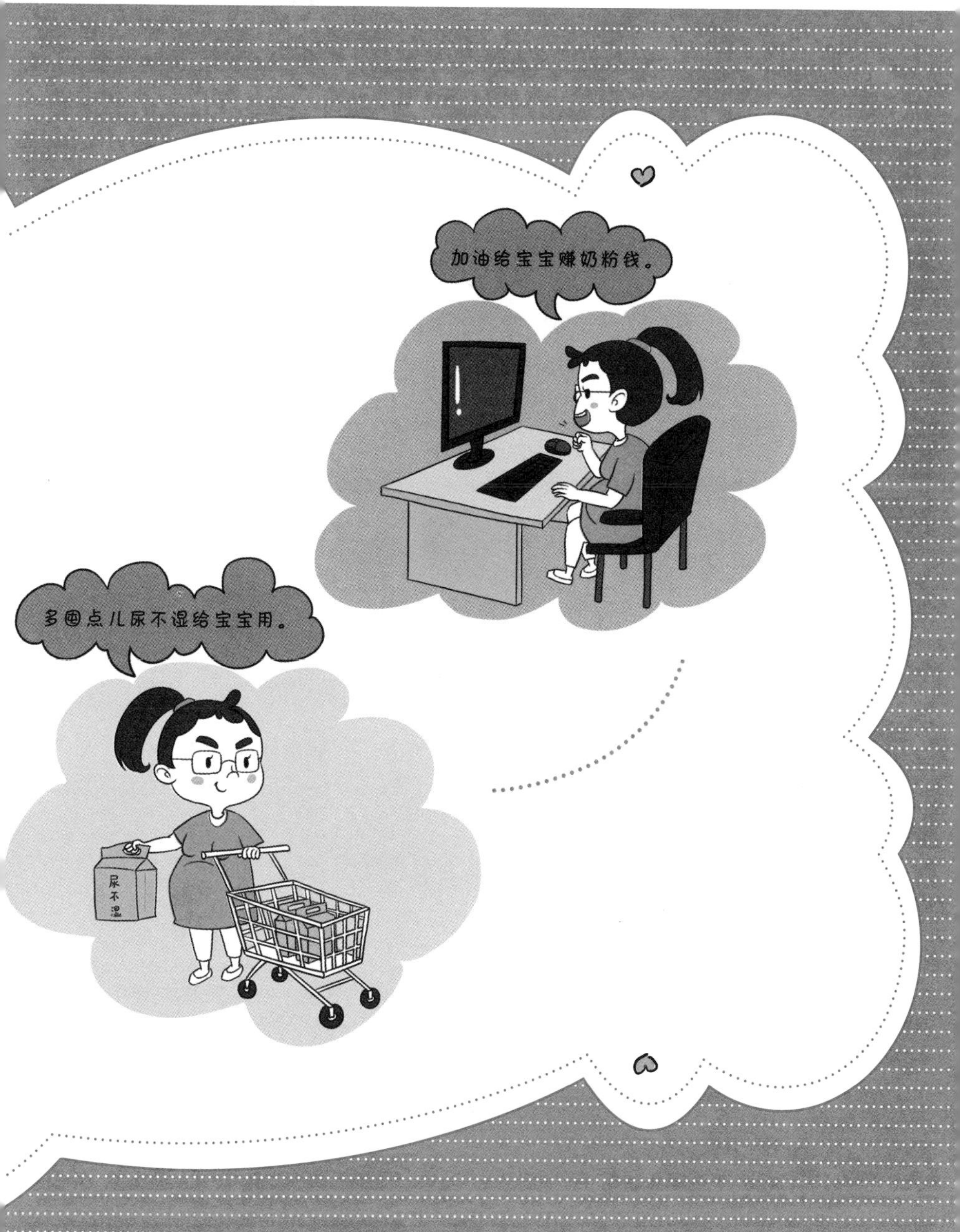
加油给宝宝赚奶粉钱。
多囤点儿尿不湿给宝宝用。
尿不湿

01 你准备好
生孩子了吗

女儿史包包8个月大的时候，我忽然悲伤地发现，自她出生以后，我和她爸就再也没有睡过午觉了。我俩进行了一次深刻的复盘，最后，她爸长叹一声，非常高屋建瓴地总结了一下："年轻的时候不懂事啊，是手机不好玩儿还是电视不好看，为啥要生孩子……"

玩笑归玩笑，我们还是很爱史包包的。但是，我们到底为啥要生个孩子呢？

如果是像老一辈一样"养儿防老"，把孩子当作一个"理财产品"的话，我目前看到的情况是：

追加投资都是盲目的，别人家有什么早教班、运动课，我们也想来一套；

抗风险指数是很差的，6 个月以后的孩子就逐渐失去了先天"金钟罩"的保护，开始了时不时的生病之旅；

投资周期是以十年计的，盈利是遥遥无期的……

这个产品表现如此差劲，根本不值得投资嘛！

陈奕迅有首歌《世界》里唱："原来爱情的世界很小，小到三个人就挤到窒息"，这句话用在生孩子这件事上，也是一样。生个孩子，绝对不是"2+1"，而是"2+ 正无穷"。每一个宝宝都自带一个庞大的"运营团队"，第一梯队的爷爷、奶奶、姥姥、姥爷，第二梯队的月嫂、保姆，还有众多亲戚们的热情建议，公园里遇到的老大妈都能对你指手画脚地说："为什么给孩子穿这么少？宝宝怕冷！"万一你心智不坚，或者性格软弱，很容易在养育孩子的道路上朝令夕改，最后怀疑自己甚至怀疑人生，化身为一个佟掌柜："我错了，我真的错了，我从一开始就不该生这个孩子……"

所以，作为一个过来人，在本书的开始，我会强烈建议每一对夫妻，生孩子之前一定要先理性评估一下：为什么我要生孩子？到底是因为家里老人的催促，是"别人都有了，所以我也要有一个"的跟风心态，还是你和丈夫两个人都准备好了进入人生新阶段？在生孩子这件事情上，夫妻之间的共识最重要。

现在的科技水平和物质条件，决定了女性无论是想在 27 岁生孩子，还是 36 岁生孩子，都是可行的。确实，家庭收入越高，越能够为孩子提供更好的养育条件和环境，这也是为什么很多职业女性都主动延后了生孩子的时间。她们希望自己生孩子是因为身心和经济都准备好了，而不是出于家庭或者社会的压力。

如果要考虑是否生娃，什么时候生娃，我觉得有几个问题夫妻双方应该认真探讨一下，包括但不限于以下问题：

你们手头有多少积蓄？

生育可以享受哪些公司、社会福利，假期？

生孩子大概的预算是多少？

产后怎么坐月子？去月子中心，老人帮忙，还是请保姆？

产假结束后，孩子怎么带？谁带？

妈妈生完孩子以后升职机会很少，收入也有可能降低，你们能接受吗？

3 年后上幼儿园，6 年后上小学，你们准备让孩子上哪所学校？

…………

这个问卷的意义，并不是说把所有事情都准备好才能生娃，而是让夫妻双方对生娃这件事情有一个基本预期。生孩子是一种既无三包也无售后，开弓没有回头箭的事情。孩子一旦出生，就成了一个终身的重任。

所以，在生娃之前，两个人找个时间好好聊一聊，是非常有必要的。

如果以上几个问题夫妻双方都能平心静气地做出判断、交出统一的答卷，那么恭喜，你们已经初步做好了迎接一个孩子的准备，也就是迎来了生孩子的合适时机。

有很多夫妻，在第四个问题"如何坐月子"上，就已经谈崩了……

纸上谈兵都如此艰难，更别提真正养孩子的时候了。现在不是"能生就能养"的时代了，每个人都想给自己宝宝最好的。可是能力和情怀不一定匹配，现实和理想冲突的时候，往往是家庭矛盾最激烈的时候。

如果看到这本书的您已经是一个妈妈了，别怕，把这些问题留在想生二宝的时候，仍然有效。

最后，没有一个所谓生孩子的"完美时机"，你总要面对各种各样的取舍。

我们这代人不是没得选，而是选择太多，无法取舍。既想拥有一份受人尊敬的高收入职业，还想成为世人眼中的成功家庭，夫妻事业有成，豪宅靓车，孩子漂亮优秀，最好还是一男一女。

但凡事必有代价，选择了生孩子，就要做好后续的规划；选择了继续职场打拼，那么生育的事情肯定就要延期。世上安得两全法，不负如来不负卿啊！

02 做好未来一年的规划，事半功倍

据说，每个刚刚得知自己怀孕的女性，都会不由自主地想到一个问题：我会成为怎样的妈妈？

与生俱来的母性，加上体内的荷尔蒙，会让准妈妈们在很早的时候就开始勾勒未来的画面：孕期怎么过？产假如何安排？多久完成产后塑身目标，重新光鲜亮丽地见人？宝宝百天照怎么拍？一岁生日宴会怎么布置？孩子多大开始早教？孩子长大学习什么特长？考什么大学？从事什么工作……

所以，怀孕初期最需要的，是列一个规划表，把这些指日可待的事情落实成文字。除此以外，你还可以趁机梳理一下自己的思绪，想一想未来3到5年的事业、家庭发展方向。

别以为想这些太早了，现在就是做这份规划的最佳时机。如果等生完孩子再想找个合适的空闲时间来做规划，估计要等到孩子上幼儿园以后了。

这是我怀孕期间列的一个表格，从孕后期写到了孩子3岁左右：

时间	主要内容	备注
怀孕7个月	6·18采购	主要购买婴儿床、婴儿车
怀孕8个月	开始交接工作	整理年度媒体投放剩余预算和代办项目
怀孕9个月	每天坚持5000步散步，待产包查漏补缺	查一下医院攻略
孩子1个月	产后21天复查，办理各种证件、后续手续	给宝宝上医保、办户口
2个月	厨师班学习	看一下交通路线
3~6个月	给宝宝接种疫苗，定期儿保	自费+免费疫苗
7个月	复工，背奶	买上班的衣服
8~12个月	定期儿保，疫苗	保持每天2小时左右户外活动
1~2岁	在家、出门早教	预算控制在1万以内
2~3岁	日托班	首选离家近、户外活动时间长的

千万别小瞧这个规划表，可有了大用场。我生娃那年刚好赶上广东省产假延长为6个月，孕妈群里都在讨论这么长的假期怎么用才好。

有人说要考驾照，有人说要学外语，我当时说要去学一个免费的厨师证，并且把它落实到了我的计划表里。等到假期结束的时候，我主动在群里回顾了一下这个话题，结果，300多人的群，只有我一个人完成了目标。

所以，列一个属于你的计划表吧！这事儿非常重要，很值得专门花上半天时间来做。

如果你的思路已经很清晰了，那可以用思维导图，也可以按照重要程度来写你的规划。下面是两份我的孕妈朋友列的不同阶段的计划：

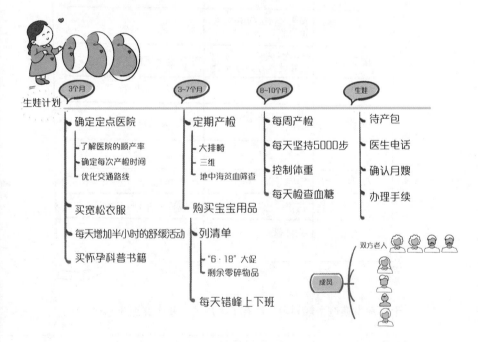

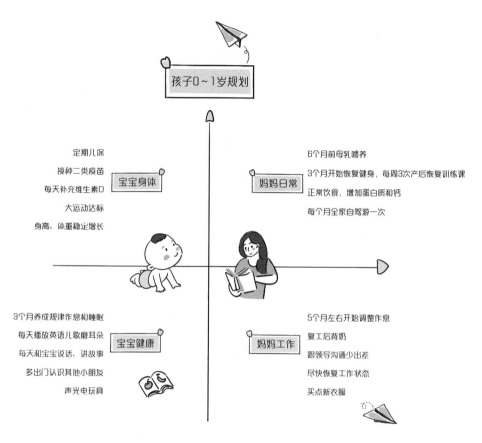

孩子0~1岁规划

宝宝身体
定期儿保
接种二类疫苗
每天补充维生素D
大运动达标
身高、体重稳定增长

妈妈日常
6个月前母乳喂养
3个月开始恢复健身，每周3次产后恢复训练课
正常饮食，增加蛋白质和钙
每个月全家自驾游一次

宝宝健康
3个月养成规律作息和睡眠
每天播放英语儿歌磨耳朵
每天和宝宝说话、讲故事
多出门认识其他小朋友
声光电玩具

妈妈工作
5个月左右开始调整作息
复工后背奶
跟领导沟通少出差
尽快恢复工作状态
买点新衣服

如果你不知道具体应该写什么，就用结果倒推法。

比如，如果想产后尽快恢复身材，那就得先做好孕期体重控制，从制定每天的食谱开始。如果你想休好产假、不被工作干扰，那就要先做好目前的工作规划，找到工作交接人。如果你想知道养育孩子的路上会遇到哪些挑战，可以先买一些育儿书籍读一读……

总之，怀孕、生娃、养娃这几件事情，可以说是你人生即将遇到的最大挑战，怎么重视都是值得的。

但是，规划并不是一成不变的。随着孩子不断长大，家庭情况不断变化，规划也会随之调整。无论是用它及时回顾过去，还是以此为依据展望未来，都是非常有意义的一件事。

03 准妈妈们可以开始囤货啦

从怀孕第五六个月开始，我发现自己买东西的想法日益高涨，有时候竟然买得停不了手！生物学管这种行为叫"筑巢本能"，就是人和其他动物一样，准妈妈们越临近产期就越想竭尽所能给即将出生的小宝宝张罗一切，最常见的表现就是超乎寻常的购买欲，恨不得把未来一年的婴儿用品都买回家。

但是，作为一个过来人，我建议大家一步一步来。以下是我建议的购买顺序。

孕期可以买点啥

怀孕时，随着孩子发育，孕妇的身体会不断地发生变化。

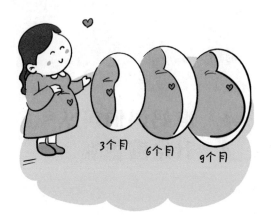

3个月　6个月　9个月

胎儿生长过程中，给妈妈带来的影响包括但不限于对身体其他器官的压迫、内脏位移、钙质流失，等等。这会让孕妈的身体产生一系列的症状，比如半夜抽筋、四肢水肿、尿频、频繁夜醒等。在这个时候，能够保护孕妈身体健康的补充药剂、改善孕期不适的辅助产品，以及能够节约时间让孕妈多休息的生活电器都是非常有必要购买的。

以下是怀孕期间的产品购买建议，分别从生理和心理两个角度提供，从健康必备、缓解孕期不适、提升生活质量以及舒缓孕期心情几个维度筛选，并按照重要顺序排列。最后顺便做了精减，让大家少花冤枉钱。

健康必选

听从医嘱购买的补充药剂：叶酸、钙片、复合维生素等。

叶酸：这两年，孕期补充叶酸这个概念深入人心。事实上，从备孕时就应该开始补充叶酸，而且是夫妻双方一起补。补充叶酸能够有效降低胎儿畸形的概率，对胎儿的发育也有着重要作用。社区医院就有免费的叶酸发放，育龄和孕期女性都可以领取。

钙片：孕期的宝宝会从妈妈体内获取钙质，用于生长发育，因此妈妈需要比平时更大量的钙元素。但是，钙片并不是越多越好，具体用量请遵医嘱。

复合维生素：需要补充复合维生素的主要是那些因为胃口差或者极端偏食导致维生素摄入不够的孕妇，因此医生不会建议每个孕妇都服用。如果能够从饮食中获取足够的维生素，也是可以的。

缓解孕期不适

我怀孕的时候，主要是买了这三样东西，来改善孕期不适的情况：孕妇枕、哺乳内衣、舒适的内裤。

孕妇枕：胎儿不断发育会压迫孕妈内脏，孕妈妈容易疲劳和水肿。睡觉的时候多一些支撑，会放松很多。孕妇枕的用法多种多样，可以当靠背，可以夹在两条腿中间缓解不适，还可以托着肚子。

我买的是能拆卸成三块的孕妇枕，现在一块成了我女儿的抱枕，一块被我妈用来晚上睡觉垫脚，一块用来给我当靠背。真是一个一专多能的产品啊！好划算。

哺乳内衣：哺乳内衣可不是生完娃喂奶才需要穿的内衣，它的使

用周期是孕晚期 + 整个哺乳期。怀孕 7~8 个月的时候，孕妈妈的胸部开始变得敏感和肿胀，之前的内衣就不那么舒服了。这时候，就可以换上哺乳内衣了。换上以后，你会发现胸部极度舒适，可能再也不想换回普通内衣了。

舒适款内裤：怀孕的时候肚子会变大，腰围也会……买个老大妈内裤不丢人，真的。

改善生活质量

智能马桶盖、按摩器、小夜灯……这些则是改善生活质量的利器。

智能马桶盖：我是智能马桶盖的忠实使用者，我的整个孕期以及生完孩子以后，它都帮上了大忙。

孕妇本身就是痔疮高危发病人群，智能马桶盖的水流按摩功能对预防和缓解痔疮，有非常好的功效。到了孕后期，肚子太大，上完厕所后给自己清理会成为大问题，但是有智能马桶盖的清洁功能就省事多了。最后，座圈的加热功能会让你随时坐上去都非常舒服，冬天里不会让你坐下去以后冻得想跳起来。而且，生完娃以后你会发现，厕所能发热的马桶圈是家里最放松、最温暖的角落……

按摩器：孕后期腰痛、背痛、水肿简直是家常便饭，有个舒服、力道适中的按摩器，能够很大程度地缓解酸痛和肿胀。我买的是按摩枕，出门、出差也能带，小巧方便。

小夜灯：膀胱被压缩、频繁起夜上厕所是所有孕妇都要面临的一大挑战。开灯太亮，不开灯怕磕磕碰碰的。因此，在去厕所的必经之路上安一盏小夜灯，照亮你去嘘嘘的路。

放松心情

能让自己心情好的：真丝裙子、头部按摩护理。

真丝裙子

真丝裙子有两重推荐原因：

1. 天然材质，触感轻柔，接触舒适，对孕妇敏感的皮肤非常友好。

2. 真丝裙子一般都是宽松款，怀孕、生完娃都能穿，不同时候有不同时候的气质。满足孕期美美美的需求，孕妇不能总穿宽松运动款吧……

真丝裙子配大肚子，很好看的，真的。

头部按摩护理

怀孕时由于孕激素的原因头发浓密，很少掉头发。而自己洗头时间短，很难把头发清洁到位，而且老是觉得抓不透。这时候不妨求助专业人士，给头部做一些专门的清洁和按摩护理。孕妈妈去享受一个一小时的头部按摩，也是怀孕期间难得的放松体验。但是要注意，不要烫染，不要喷发胶和喷雾哦。

可选产品

一些孕期产品是属于营造仪式感的产品，比如孕妇帽子、孕妇托鞋、孕妇睡衣之类的。你想买就买，但是，需要提醒的是，这几样产品在功能上并没有什么过人之处，和普通的帽子、拖鞋、睡衣也没有什么不同。唯一的差异就是：加上孕妇两个字以后，价格上涨至少 30%。

再来看看新生儿都需要啥

我们先来看一个新生儿用品使用时间表：

新生儿	用途	刚需产品	
0~3个月	满足基本生存需求	大件婴儿用品	婴儿床，婴儿车，安全座椅，婴儿提篮
		喂养用品	新生儿衣物，寝具，婴儿包巾，奶瓶，沐浴用品
		消耗品	纸尿裤，隔尿垫，干湿纸巾，二合一沐浴露
		娱乐用品	手摇铃，咬咬胶，床铃，脚踏琴，早教机
4~6个月	初步娱乐	娱乐	玩具，绘本
		出行	婴儿背带
		运动	爬行垫，床围栏
6个月以后	开始尝试吃辅食	固定资产	桌椅，辅食机
		易耗品	餐具，围兜，罩衣
9个月以后	大运动高速发展期	固定资产	安全围栏，各种小车
		运动	学步鞋，运动护具，地板袜

这里面既有长期使用的大件用品，比如婴儿车、婴儿床、安全座椅，也有各类消耗品，比如纸尿裤、纸巾之类的。因此，买新生儿用品的时候，我建议抓住一个大促，比如"双11""6·18"之类的先把贵的东西买好。而全年都有折扣、体积大的消耗品，等预产期到了再买，不需要在家堆积太久，随买随用。

大促时期最值得买

"双11""6·18"这种公认全年最划算的时机，最值得购买的是那些单价高、折扣力度大的产品。所以，买超过千元的母婴用品最划算，像婴儿床和安全座椅这些产品，还可以早点打开放放味道。

首选婴儿用品四大件：婴儿床、婴儿车、安全座椅、电动吸奶器。这几件不仅对婴儿的生活起着非常重要的作用，同时也是使用周期比较长的产品，对质量的要求比较高。因此建议在选购的时候多给一些预算，品牌和质量是首要考虑目标。

选购儿童安全座椅的时候要注意看一下，市面上既有支持反向安装、供0～4岁孩子用的安全座椅，也有9个月之后儿童使用、只能正面安装的安全座椅。如果买前者，4岁以后需要再买一个给大一点儿孩子用的安全座椅。如果买的是后者，前面9个月可以使用安全提篮，保证婴儿的出行安全。

婴儿车的挑选标准有两个，第一个是安全性，第二个就是车身要轻便，方便折叠，不然影响使用体验。我身边很多朋友后来放弃了高景观婴儿车，就是因为车身太笨重，去哪里都不方便。

可以考虑入手的产品

有一些价值中等的母婴用品，可以考虑在大促期间入手。这一类产品的特点是：价格中等，体积不大，保质期很长，折扣力度高。简单来说，放在家里不占地方，也不会过期。这一部分主要有以下几类用品。

喂养类的：奶瓶套装、消毒器等。

日用类的：睡袋、浴巾、婴儿包被、连体衣、婴儿背带等。

医疗用品：耳温枪、吸鼻器等。

大品牌的奶瓶其实海淘价格更划算，我记得我怀孕那会儿一套奶瓶海淘才200多元，但是考虑到要按玻璃奶瓶的重量付运费我就放弃了。如果有直系亲属出国，值得背一套回来。

耳温枪要注意，买的时候记得配一小盒耳帽配件，单买不划算。

婴儿背带最好有腰凳，会很省力。另外就是记得买配套的口水巾，不然孩子啃得太厉害，一会儿就打湿一大片……

生娃前再买

预产期快到了，就要开始着手准备入院生产的用品以及新生儿的日常用品了。因此，买那些全年都有折扣、体积大的消耗品，类似纸尿裤这种是比较合适的。

这一类用品包括:

待产用品:待产包、哺乳内衣、一次性厕纸等。

婴儿用品:澡盆、纸尿裤、沐浴用品、婴儿毛巾、口水巾、湿巾、婴儿纸巾、隔尿垫、润肤露、屁屁膏、爬行垫等。

喂养类:维生素 D、奶嘴、储奶袋等。

留点预算以后用

如果让我回顾临产那段时间,印象最深的恐怕就是购物账单了。一是因为孕晚期确实比较无聊,安心待产的时候不知道干啥,买买买就是比较合适的休闲活动。二是筑巢本能让我越接近临产,就越想给宝宝买各种穿的用的,而且战斗力惊人。现在想想,有 40% 左右都是冲动消费吧。

所以,根据我个人的经验,把玩具、绘本和婴儿衣服留在后面买是最合适的。这三个品类挑选起来可花时间了,正好拯救了百无聊赖的孕晚期。

剩下的就是等孩子生下来半岁以后才需要的东西,比如辅食机、磨牙棒等。早买容易过期,千万别囤货。另外,用好亲戚朋友们家的各种二手货,也能节约不少钱。

04 怀孕后，职场妈妈
需要做好哪些准备

发现自己怀孕，对于很多职业上升期的女性来说，需要直面这件事情对自己职业生涯可能带来的影响。作为一个孕期职场女性，既要为自己负责，也要为工作负责，珍惜自己的职业生涯和职场口碑。万一遇到某些无良企业，想要辞退怀孕女员工，我们也要学会保护自己的合法权益。

如何做到同时对自己和工作负责

一、对自己负责，主要体现在身体健康和职业生涯发展两个方面。

作为一名职场女性，怀孕生子期间，职场晋升速度肯定是要放缓了。但职业生涯是一个长期积累的过程，所以，这个阶段的目标应该是让自己身体状况良好，生的孩子健健康康，从而实现职场可持续发展，争取拿到"职场终身成就奖"。

最近几年女性生孩子，有两个极端的处理方式：一种是怀孕了马上辞职回家待产养胎的，一种是工作到临产前一刻，上了产床还要开个电话会议的。

每个人的身体状况不同，别人从孕早期就开始养胎，不代表你也要马上辞职。别人孕期跑马拉松，不代表你也需要摩拳擦掌，买装备报名。生孩子不是军备竞赛，找到自己能够适应的方式就好。

但是，孕期照顾好自己，合理饮食，做好产检，孩子生出来以后健康，你以后的日子才能轻松些。我生娃之前，朋友和我说，之后娃的身体健康情况直接决定了你以后的生存质量和精神状态，这句话真是金玉良言。

所以，在身体情况允许的情况下，做好自己的工作安排和交接，不要给人留下"一怀孕就什么也不做了，白拿工资"的印象，成为同事茶余饭后的谈资。

不是让你做女强人，但是要对得起自己的职场人设。

职场的圈子其实很小，在一个领域待 5 年以上就会发现，上下游产业链遇见的基本上都是熟人。人和人之间根本不需要六度空间，报一两个人名就能迅速熟络起来。好的口碑是需要日积月累的，但破坏掉就是一转眼的事。所以，为了职场的可持续发展，个人品牌的持续建设，请一定做好孕期的工作安排。

二、对公司负责，主要体现在对工作项目的安排上。

首先，用你自己的衡量标准，对手头项目做一个快速分类。

怀孕以后，及时梳理一下手头在做的项目。

可以按照重要程度划分：哪些是非你不可，离了你就不能推进的？哪些是可以转交给同事执行的？

可以按照业绩绩效划分：哪个项目能够给你带来最大收益？哪个项目投入产出比低？

可以按照时间进度划分：哪些项目在预产期之前就能顺利完成？哪些项目你可能坚持不到完成那天就要去生娃了？哪些项目你也说不准，有可能存在风险……

第二，把梳理的结果做出判断，及时和领导沟通。

对于那些自己可以继续执行的项目，表达出你完成任务的信心和实力，亮出手头的预案，让老板知道你是志在必得的。对于那些需要公司同事支援的项目，说清楚同事加入的必要性，保证工作保质保量地完成。

我个人的感觉是，越早和老板谈这个事情，对你的工作安排和交接越有利。

对于大多数老板来说，他们最想看到的，是这件事情做得怎么样，项目是否给公司带来了效益，至于到底是谁做的，分奖金的时候体现就好了。

第三，做好产假前的工作交接预案。

之所以叫"预产期"，就是因为生娃这件事情没个准。

有的耐心不好的宝宝，才7个多月就迫不及待地想和家人见面了。有些沉得住气的宝宝，预产期过了一周还稳如泰山。你也不知道你怀的是哪种宝宝，所以，在怀孕6个月以后，产假前的工作交接预案，就应该提上日程了。

工作交接预案应该有但是不限于：你公司项目的紧急联系人是谁？谁可以接替你的工作？他 / 她已经开始逐渐上手接管你的工作了吗？你有没有给他 / 她提供相应的资料、工作规范和执行标准？万一他 / 她联系不到你，还可以求助谁……

当然，这里说的对公司负责，是公司在得知你怀孕后，没有歧视你，没有把你调岗降薪，没有逼你自动离职的情况下。如果怀孕后遇到上述情况，请一定要积极地为自己维权。

孕期遭遇不公平待遇，如何保护自身合法权益

如果真的遇到无良企业，首先记住身体是第一位的，千万别因小失大。一定要在保护自己健康的前提下，维护自己的合法权益。

我怀孕那会儿，在我们社区医院的妈妈群里，就听到很多妈妈吐槽自己遭受了不公平待遇。无良公司会使出种种逼迫孕妇辞职的方法，包括但不限于：

故意刁难

公司可能会给孕妇安排长期出差的项目，中间不给安排合适的产检假期。也可能会忽然给孕妇调岗，换到其他边缘部门或者其他地区的部门。

直接降薪

公司说是要照顾孕妇身体，提出以后不用每天都来，一周来公司 3 天就行了，但是薪水也要相应减半；最后用旷工的理由"合理"辞退。

领导劝退

部门领导或者公司的 HR，可能会约孕妈面谈，一边评价其过往的工作，一边感慨公司的不容易。潜台词就是：希望你不要给公司增加负担了，自己主动辞职吧。

人身攻击

我听说过的最恶劣的一件事情是，为了逼一个孕妇辞职，他们公

司的领导层忽然集体开
始在办公区域吸烟……

总而言之就是，只
有你想不到，没有无良
公司做不到。

如果孕妈遇到以上
情形，不要自怨自艾，
接下来就是三步走：

一、保留好公司对
你进行不友善行为的各种证据。

二、不要客气，直接找医生开病假条，然后发给公司人事部门，
回家休养。

三、哺乳期是不能随便降薪裁员的，让 HR 学习一下《中华人民
共和国劳动合同法》（以下简称《劳动合同法》）第四十二条。

如果公司给你发了辞退信，也不要慌张。要求公司出具正式的离
职证明，保留好往来邮件、电话录音，然后去劳动仲裁部门申请仲裁。

你是孕妇，根据《劳动合同法》第四十二条，怀孕期间不得解除
劳动合同。根据《劳动合同法》第四十五条，劳动合同应该延续到哺
乳期结束。

一点
提示

《劳动合同法》

第四十二条：劳动者有下列情形之一的，用人单位不得依照本法第四十条、第四十一条的规定解除劳动合同：

（一）从事接触职业病危害作业的劳动者未进行离岗前职业健康检查，或者疑似职业病病人在诊断或者医学观察期间的；

（二）在本单位患职业病或者因工负伤并被确认丧失或者部分丧失劳动能力的；

（三）患病或者非因工负伤，在规定的医疗期内的；

（四）女职工在孕期、产期、哺乳期的；

（五）在本单位连续工作满十五年，且距法定退休年龄不足五年的；

（六）法律、行政法规规定的其他情形。

第四十五条：劳动合同期满，有本法第四十二条规定情形之一的，劳动合同应当续延至相应的情形消失时终止。但是，本法第四十二条第（二）项规定丧失或者部分丧失劳动能力劳动者的劳动合同的终止，按照国家有关工伤保险的规定执行。

另外，请保存好以下几个电话，有可能用得到：

12345　市长热线

12338　妇女维权热线

12351　职工维权热线

12333　劳保政策咨询

以及你们本地劳动仲裁中心的电话。

最后，希望所有怀孕的妈妈们都远离这样的事情。怀孕很辛苦，好心情很重要。

PART 2 生娃历险记

01 长颈鹿和小白兔：
你吐过吗

如果让我列一个"怀孕的时候应该知道，但是却没人告诉你的事情"清单，孕吐绝对要名列前茅。原来，孕吐不仅在妊娠反应强烈的孕初期频繁发生，还有可能贯穿整个孕期。

我怀孕的时候从两个多月开始孕吐，一直吐到第九个月生娃之前。医生的说法是："个人体质不同，没什么好办法。"

开始的时候只是胃容物一阵阵往上翻，后来就是忍不住地一阵阵翻江倒海，直到喷涌而出。

我印象最深刻的一次，是在办公室时忽然酸水就往上涌，感觉不对的我赶紧大步向外走，结果胃里忽然像抽筋一样剧烈绞痛，我直接捂着肚子就蹲下了。幸好旁边是个垃圾桶，我一把扯过来，稀里哗啦地全部吐到了桶里去。吐完以后把垃圾袋拴好，拎到楼道垃圾箱扔掉，回来漱口，喝水缓解不适——整个过程大概2分钟不到。

据我同事事后给我的描述，她说："大家都忙着呢，忽然看到你一下跪在地上（其实是蹲着）哇哇大吐，吐完以后麻利地把垃圾袋带走，然后马上又回到了座位上，好像什么事情也没发生过——我们感觉就像看了一场办公室呕吐快闪活动。"

后来的日子，过得就很艰难了。一旦有了呕吐的感觉，真是应了那句老话"不吐不快"，吐出来反而舒服，不然就在胃里翻来覆去地折腾你。

可是，有的时候是"倾泻而出"，有的时候像漏水的水龙头，老是断断续续的，这就很讨厌了。如果遇到这种"似吐非吐"的情况，我的秘诀就是在女厕所挨个位置查看，找个卫生状况最差的马桶，然后把头猛地靠过去，马上就会恶心地吐出来……所以，那阵子我对我们楼层清洁阿姨间歇性偷懒的状态，是怀着"喜忧参半"的心情的。

孕吐的时候，感觉胃就像一个马桶的水槽，冲水的小绳在肚里的小崽崽那里，她没事的时候小手用力一扯，胃就开始往外泄洪……

吐的多了，我也大概总结出了一些经验：

只要胃里有反应，赶紧往厕所跑总是没错的；

如果不吃饭、光喝水，好多水晃来晃去，也会增加呕吐的概率——

只不过吐的都是清水而已；

柠檬和橙子的味道可以缓解一下想吐的感觉；

吐完以后要尽快漱口，不然胃酸会侵蚀牙齿，这就很可怕了——孕妇本来就是牙医拒收的对象。

到了五六个月的时候，我已经可以很淡定地给老公发信息了：

"今早吃的好贵的有机玉米都吐出来了，好心疼买玉米的钱啊！"

"明天不喝小米粥了吧，吐完以后还感觉小米一粒一粒地粘在嗓子眼里，好难受……"

身边同期怀孕的妈妈们，像我这种吐到临产那个月的虽然是少数，但还是有一些吐得胆汁都出来了，水米不能进，最后只能拉去医院输液。医生说，不是所有的孕吐都能很好地缓解，有的用药也不行。如果想完全解决，只能终止妊娠——真扎心啊，科技如此发达的时代，还是有很多问题是医学也解决不了的。

至于"怎么坚持下来的"，我感觉怀孕这个事本来就是"开弓没有回头箭"，既然决定了要生孩子，这些事情就是必须要付出的生理代价。只不过，现实生活和电视上干呕一下、点到为止的表演不一样，呕吐对十月怀胎的妈妈来说，不仅是一个生理考验，也是一个心理考验。

无数次深夜冲到马桶边跪着吐完，之后深呼吸的时间都是我进行深度思考的时候：老娘是不是脑子坏了要生个娃，舒舒服服地过二人世界不好吗？为什么人类怀孕让母亲如此痛苦，为什么不像海马和企鹅一样是爸爸负责孵化下一代？为什么超人的爸妈要从机器代孕的氪星逃离，机器生孩子不是皆大欢喜吗……

整个孕期，给我最大精神力量的，不是家人的照顾，而是我每次呕吐，都能想起的那个著名的"长颈鹿和小兔子"的笑话：

长颈鹿说："小兔子，真希望你能知道有一个长脖子是多么的好。无论什么好吃的东西，我吃的时候都会慢慢地通过我的长脖子，这样美味可以长时间地享受。"

小白兔毫无表情地看着它。

"并且，在夏天，那凉水慢慢地流过我的长脖子，是那么的可口。有个长脖子真是太好了！小白兔，你能想象吗?"

小白兔慢悠悠地说："你吐过吗? 幸好我脖子挺短的!"

02 产检铁人三项：
扎手指、测胎动、喝糖水

　　我老公在我怀孕以后压力倍增，不仅要做家务，还要照顾我。直到有一天他观摩了有娃朋友的生活以后才豁然开朗起来："现在宝宝的吃喝拉撒睡都是妈妈管，我一身轻松真是太开心啦！"然后他就欢快地去上班了。

　　怀孕4个月以后开始有胎动，有时候感觉宝宝在我肚子里打组合拳。爸爸就开始胡思乱想："没准是个运动员！"我说："就我们两个的体型，腿短身子长，H型身材，难道去举重吗？"

　　到了孕中期以后，每两周产检一次。每次去看医生都要排很长的队，乌泱乌泱的一眼看过去全是大肚婆，以及混在里面的同样大肚子的家属。

每次围着医生候诊排队的时候都能捡到一些笑话。比如有个怀孕28周还不知道自己啥血型的糊涂妈妈，反问医生要这个信息干吗；还有一对高危夫妇不肯做唐氏筛查和地贫筛查，认为他们一定没问题，但是要求医生给开个四维彩超，说是要把宝宝看得清楚一点。

一点
提示

唐氏筛查：唐氏筛查是唐氏综合征产前筛选检查的简称，是一种特殊意义的检查方法。目的是通过化验孕妇的血液，检测母体血清中甲型胎儿蛋白、人绒毛膜促性腺激素和游离雌三醇的浓度，并结合孕妇的年龄、体重、孕周等方面来判断胎儿患先天愚型、神经管缺陷的危险系数。

地贫筛查：地贫筛查是指地中海贫血病筛查，地贫是我国南方各省最常见、危害最大的遗传病，人群发生率高达 10% 以上。地贫主要分 α 和 β 两种，以 α 地贫较常见。

普通检查，比如摸摸肚子、听听胎心什么的就很放松。但是扎手指啥的就很麻烦，剧痛无比。有一次，我坐在凳子上给护士扎，结果她一针下去，我疼得脚往前一踢，脚趾也疼手指也疼，眼泪一下子就下来了。护士还笑话我："至于吗？还哭啦！"

糖耐是另一个闻者伤心、见者流泪的项目，一次要空腹喝下整整一袋糖。有些妈妈表示喝到一半就吐了，只能择日重来。我还好，咬着牙喝光了，然后就是2个小时内要抽3次血，全部合格才能放人。万一有妊娠期糖尿病，后面就会很麻烦，要定期抽血、检验血糖、严格控制血糖才行。高龄、超重的孕妇容易发生妊娠期糖尿病。但是主要还是看基因，有家族遗传糖尿病的准妈妈要格外注意。

　　怀孕7个月开始，每次产检都要做胎监。这个项目非常费钱，主要是我女儿很不配合。人家都是一次就过，她要做三次才合格——每次都在睡觉，怎么拍肚皮也叫不醒。多做一次就多花40块钱，一斤白灼虾就没了。所以每次去产检完，我的晚餐标准都急剧缩水——不舍得大吃大喝了。

　　7个半月产检的时候，医生发现我女儿不按常理出牌，居然坐在了我肚子里，也就是俗称的臀位。为了调整胎位，医生让我中西医结合，都试一试。

　　西医的建议就是可以撅着屁股趴在床上，给肚子腾点空间，让孩子自己转过来。中医的建议就是早晚两次，用艾蒿熏脚指头。坚持了一个半月，肚子越来越大，趴一会儿就累得我直哭。艾蒿的烟味臭得很，熏一会儿就难受。后来一赌气，随便吧，剖就剖吧，老娘不整了！结果生之前一个星期，她又自己转过来了！某一天，我正在无聊地看恐怖片，忽然感觉肚子里咕嘟嘟动了一下，还以为她在我肚子里例行踢腿儿呢。结果第二天产检时，发现她转过来了！见多识广的医生也很惊讶，她说虽然最后以臀位形式出生的孩子很少，但是临产这个阶段还能自己转过来的孩子，也不多。

但是，这两种调整胎儿臀位的方法，现在都不太建议了。趴床上

NT 检查：NT 检查又称"颈后透明带扫描"，是通过 B 超测量胎儿颈项部皮下无回声透明层最厚的部位，是用于评估胎儿是否有可能患有唐氏综合征的一种方法。NT 检查可以排除早期就出现的大的结构畸形，可以称得上是一次畸形小排查。颈项透明层越厚，胎儿异常的概率越大。

大排畸：大排畸是在怀孕 20~24 周之间，通过做 B 超，看胎儿发育是不是畸形，进而来排除畸形。它主要是检查宝宝在子宫内的发育情况是否符合孕周，胎儿是否健康，四肢、头脑、内脏发育得怎样，排除一部分先天性疾病。大排畸检查对于宝宝和各位准妈妈来说，是十分必要的。它可以降低畸形儿的诞生率，可以及时让孕妇中止妊娠。因此，各位准妈妈要相当注意大排畸的检查。

那招，胎儿不但不一定能转过来，还容易脐带绕颈；而用艾蒿熏脚趾，产生的 pm2.5 比吸烟的浓度还大呢。臀位胎儿的概率只有 3%，这意味着 97% 的宝宝都是以头位降临这个世界的，所以不需要太担心。

　　总的来说，怀孕就像一场 10 个月的战役，每个月有具体的局部战略目标要实现。只有在产检中依次迈过 NT 检查、唐氏筛查、大排畸等一系列关卡的妈妈，才能胜利地走向生娃大结局。

03 那些怀孕时见过的惊心动魄的事

怀孕一次，真是经历了人间各种不易，在医院里见识了人生百态。我见过高龄孕妇通不过大排畸当场崩溃的，也见过三年两次胎停的年轻夫妇无助哭泣。还有八个月不得不引产的大月份产妇朋友，消息一出来，全家四个老人直接住院了两个……

即使今天的医学如此发达，也只能帮助我们规避一些已知的风险。我自己的感觉是：怀孕这个事，无论对于妈妈还是宝宝，都是高度考验，千万不能掉以轻心。

我生娃那会儿，赶上二胎潮，每个医院的产科都人满为患。每次产检都是一屋子大肚婆把医生围得水泄不通，医生只有上厕所的时候才能透口气。

有一次，屋里一个高龄孕妇，第一胎，孩子都快 5 个月了，大排畸通不过。她一个人来的，看到报告单就隐约觉得不好，医生看完，当场证实了她的想法。她苦苦地哀求医生："好容易怀了这么久的孩子，怎么能有问题呢？是不是看错了？能不能再观察观察？还有没有办法了？"医生也很难过，耐心给她解释，没有办法，真的没有办法，再继续怀下去，最后的结果也不会有变化，但是对妈妈身体的伤害就很大了。

　　医生说完了以后，她还是不肯走，好像走出屋子就没办法改变这个事实了一样。医生让她和家里人商量一下，她就躲在角落里给家人打电话，说着说着就哭了起来。

　　满屋子的孕妇，有刚怀孕找医生确诊的，也有怀孕 9 个月马上准备迎接新生命的，平时都是叽叽喳喳围着医生，然而那天，满屋子只有角落里她难以抑制的抽泣声……那是我第一次感觉到，怀胎十月，要一路面对的，可不止恶心呕吐、长肉这么简单。

　　怀孕的整个周期，其实都是考验。前 3 个月孕吐反应强烈，胎儿也不稳定，我就曾被医生下过一次保胎通知。到了四五个月的时候能缓解一点，可谓是整个孕期最舒服的时候了。那会儿我还仿佛有"身轻如燕"的错觉，还能快走几步赶个公交车啥的，没事儿发点搞笑的笑话。

　　然而，到了第七个月，问题来了，胎儿越来越大，膀胱被压迫得厉

彩蛋

这是我怀孕 5 个月的时候发的朋友圈：

想要在拥挤的人群里开辟出一条路顺畅地穿行，

除了大喊"让让，有开水"外，

还可以高举手中的尿杯。

害，经常遇到打个喷嚏都会漏尿的情况。虽然身体有"两个大脑"，理论上运行速度应该很快才是，可是两个大脑共用一套硬件，明显内存不够用了，思维也变得很慢。晚上已经很难找到一个舒服的入睡姿势，所以每天都睡不够，但是也睡不着。然后我遇到了一个特别棘手的情况：宫缩不止。

怀孕到第七个月，有一个很可怕的坎儿就是早产，而早产的征兆之一就是频繁宫缩。我先是咨询了一下我们社区的妇科医生，她说到了7个月有的时候会出现"假性宫缩"，建议我放松心情，先观察一下。

然而，穿着宽松衣服、听着舒缓音乐的我，发现放松心情没有啥帮助。我的肚皮隔一阵子就变得十分坚硬紧绷，持续数十秒之后又软下去。孕妈群里的准妈妈们叫我去下载一个手机 App，记录一下宫缩的时间，顺便找点事情做。

等我躺在床上，用手机软件记录宫缩达到每 10 分钟一次的时候，我吓得魂飞魄散：宫缩达到 5 分钟一次就是要生了。我赶紧叫上老公："上医院，上医院！"

然而我女儿这个怂包，在家欺负我的时候耀武扬威，去了医院就无声无息了。我们好不容易加上了号，到了给医生摸肚子的时候，肚子毫无反应。医生说我太紧张了，感觉到的不是宫缩。可是刚才肚皮的紧绷感也是没有半点虚假。最后，医生让我回家休息，再观察一下。

我不甘心地问："难道没事吗？"

医生用一种"我见多识广你大惊小怪"的口气反问："难道你希望有事吗？"

我们只好悻悻地回了家。

然而，刚回家没多久，宫缩又来了。这一次比上次还要厉害，不仅次数越来越频繁，持续的时间也越来越久。肚皮绷得格外厉害，硬邦邦的，感觉要炸了。我脑子里所有关于早产的片段都涌现了出来，眼泪都要吓出来，脚都软了。然而还是要硬撑着自己下楼，除了等救护车，没有第二条路。

当天挂的号还有效，医生见到我，总算没有问出"How old are you（怎么老是你）？"这种问题，而是叫我躺在床上，她继续给别人看病，让我一感觉到宫缩就叫她。

躺了大概10分钟，宫缩的感觉就又来了。医生过来摸摸听听，这次有了重视的意思，马上开了一瓶抑制宫缩的药，让我老公去药房取。然后让我现场吃下去，再躺在床上继续观察一会儿。她说："再不行就要住院了。"听了这句话，我当时的心情居然是高兴的：我确实有问题，现在到了医院就不怕了。

我娃还是很争气的，虽然之前吓唬我吓唬得那么厉害，但是吃了药以后，她就慢慢地平静了下来。我记得那天我们一直观察到医生下班的时间，再没有出现那么频繁和剧烈的宫缩了。医生就说我可以回家了，如果回家后宫缩到感觉不舒服的话，就继续吃片药。如果宫缩达到 10 分钟左右一次，还很剧烈的话，就马上来医院。

随后的几天里，早产的威胁像达摩克利斯之剑一样悬在我的头上。我手里随时随地都握着那个白色的小药瓶，脑子里一刻不停地紧张判断，什么时候就可以来一片了。

大概在家躺了一周的时间，我吃空了半瓶白色小药片，我女儿又回到了正常的胎儿轨迹，不再着急地要出来了。

本来以为折腾就到此为止，生娃应该是个快乐结局了吧。结果，生娃的时候又被折腾得很惨，顺转剖，又是一个非常悲伤的故事。

04 毕生难忘的生娃经历

我怀孕的时候想着，我是个普通人，找个普通医院生个普通小孩，就完成人生大事了呗。现在回想起来，当时还是太年轻了。

我和老公双方家族的生育记录都堪称优秀，父母双方家的各路亲戚生孩子都是顺产。最厉害的是我姑姑，生完老二以后自己走出的产房，被全家人当成榜样口口传颂，就差写进"家族大事记"里了。

我的体型和姑姑最像，产检的医生也说我的骨盆情况很好，适合顺产。所以我一直都把生孩子当成是人生清单上面的一项任务而已，也是真的心大。

优雅地生孩子果然是个悖论

怀孕产检一路都顺顺利利的，只有一段时间我女儿是臀位，结果预产期前一周她自己转过来了。我们就更开心，以为万事俱备，只等发动了。

预产期过了 5 天，孩子还没动静，去医院拍了个 B 超说羊水减少，医生建议催产，我们就拎着行李住进了产科。当天下午就开始了阵痛，晚上断断续续地疼了一整晚，但是尚可忍受，第二天早上就开始打催产针了。

我一边打着催产针，一边忍受着阵痛。屋里的护士一脸严肃，她对着一屋子等待生娃的准妈妈宣布：开到三指就能打无痛，谁先到了先给谁打。

我是"竞赛体质"，一听到这个马上情不自禁地进入比赛状态，拼

一点提示

拉玛泽呼吸法：拉玛泽呼吸法实际上是一种助产法，是法国一名产科医生拉玛泽（Lamaze）在 1952 年创立的，属于一种精神预防性镇痛方法，通过对神经肌肉控制、呼吸技巧的训练，让产妇将分娩时的注意力转移到呼吸控制上，从而达到放松肌肉、减轻疼痛的作用，因此它也被称为"心理预防式的分娩准备法"。

命忍住疼痛并且反复使用拉玛泽呼吸法试图缓解一下。过了几个小时，终于开到三指了。

前面阵痛的时候我没哭，但是护士宣布说"你可以进产房打无痛了"的时候，我一边开心，一边忍不住哭着给我老公打电话。

护士觉得我疼得不可思议，说"开了三指而已，怎么疼得那么厉害"。后来我才知道，这是因为女儿是枕后位的原因——分娩的时候枕

一点
提示

枕后位：枕后位是指宝宝的枕骨位于产妇骨盆的后方，宝宝和妈妈的脸部都朝向一个方向。多数枕后位宝宝能自然转成前位娩出，但需时较久，故必须耐心等待，注意观察宫缩、产程的进展及胎心音的变化。如进展顺利，可听任自产。如并发宫缩乏力，胎头迟迟不下及宫口不扩张者，或有头盆不称现象者，均应及时剖宫取胎。

臀位：臀位是以臀为先露部的胎位，为异常胎位中最常见的一种，至妊娠晚期时，约占分娩总数的 3%～4%。

臀位是不利于顺产的。如果怀孕在 28 周以前，由于子宫的空间比较大，胎儿通过不断运动是可以改变胎位的。如果定期复查，臀位也是可以变成头位的。如果后期胎儿体位还是保持臀位的话，就不能顺产了，需要做剖宫产手术来进行生产。

后位的疼痛要比正常位置更凶恶，不但越到后期越疼，而且没有中场休息的，不是阵痛而是持续痛……那天要求早点打无痛真是非常非常英明的选择。

进入产房，护士让我自己爬上产床，然后等麻醉师打针。缩成一只虾米以后，我感觉一阵清凉通进脊柱里，麻醉师宣布："现在你将会体验到从地狱到天堂的感觉。"

他是对的，我的疼痛减轻了90%以上，顿时感觉自己活过来了，一边休息积攒体力，一边还顺便观摩了旁边一个孕妇生孩子的过程。然后觉得自己也是可以的，就等着开到十指然后生个孩子，打电话通知家人大小平安，再发个朋友圈。

为了随时补充体力，我还带了好多怀孕时不敢吃的高热量食物：奥利奥、巧克力派、巧克力……一边吃一边等。这些食物在后面还有出场的机会，非常可怕的出场时机……

旁边有个孕妇没有打无痛，也没有请护工，疼得大喊大叫，但是助产士说她没有开到十指，让她节省力气留着生孩子的时候再用，然后就去吃饭了。结果她痛到呕吐，我怕她窒息，拼命按铃，叫护士来照顾她。然后她过了一会儿就生了个小胖娃，男孩子。

她生完了，终于到我了。

助产士说我开到十指了，叫我自己先生一生。咦，产妇不应该是

49

一群医生护士围着的吗，可以这么随意吗？过了一会儿，她把旁边那个呕吐的孕妇的宝宝也清洗完了，过来看我，说："你怎么这么慢。"过来一摸，说我女儿的位置是枕后位，不好生。于是打电话叫了两个面相严肃的医生来，指导我用力。通常电视剧里如果出现这种镜头，就是预示着不好的事情要发生了。

我虽然又开始痛，但神志还是清醒的，就问麻醉师在哪里，觉得这时候应该调小麻醉剂量才好发力。医生说，麻醉师下班了。好吧，面对现实，继续尝试用力。看起来比较权威的那个医生认为我没有用上力，说我咬着牙使了半天劲没有一点进度。然后，她说羊水已经二度浑浊了，孩子的头还卡在那里，我用不上力不能把孩子生出来，所以她建议剖。

一点
提示

羊水二度浑浊： 羊水污染是由于羊水内胎儿的排泄物增多，导致羊水浑浊。羊水浑浊分为三度，一度是相对轻微的，二度浑浊多考虑是胎儿有缺氧，如果到了三度，说明胎儿在子宫内出现了严重缺氧，一定要及时进行生产。

我忽然觉得很无助，生孩子这么大的事情为什么要虚弱的产妇一个人来面对。我问她是不是还能再努力一下，她说可以，但是憋久了孩子会缺氧，有危险。我一听这话就放弃了所有抵抗，赶紧签字。然后给老公打电话，一开口眼泪就流了下来，我说我尽力了，但是生不出来，医生让剖。我老公说别着急，听医生的。

我被拉去手术室的路上见到了老公和爸妈，只让在电梯里陪了一下。然后拉去备皮，加大麻醉剂量。割开肚皮的时候一点儿感觉也没有，但是往外拽孩子的时候就感觉扯到胃了，不知是真的还是幻觉。

医生把孩子扯出来以后开心地说："啊，孩子拉在你肚子里了！"我也感觉蛮搞笑的。然后他们就开始清理羊水和胎盘，花了不少工夫。

我老公后来回忆，当时医生出来让他签字同意剖宫产的时候表情很严肃，说到时候儿科医生也会到场，随时监护孩子。但是幸运的是，我女儿生出来没啥问题，打分还很高，护士把她洗干净给我亲了一下屁股，说"恭喜生了个千金"，然后推到门口给家里人看了一眼，就送去婴儿室了。

有时候输入法你打"剖腹产"，出来的是"剖妇产"，我觉得没毛病，这个手术，基本上就是"正面腰斩"。

我被护士推出了手术室，抬到了病房，一个短发护士姐姐就开始帮我按肚子。剖宫产完毕以后按压肚子好像是能够促进子宫恢复。因为麻药劲儿还在，所以我没有任何感觉。但是，之前不是说那些吃下去的奥利奥、巧克力还有亮相的时候吗？就是现在了！按了几下，我就被按出了屎……好臭好臭的，但是护士姐姐没有嫌弃我，还是很认真地又帮我按了好多下。

我被清理干净以后，老公把女儿从婴儿室里借出来，我们一起仔细看了一会儿，感觉新生儿丑巴巴的，又红又皱，真是没啥好看的。后来她就开始哭，但是我们已经没有精力哄她了，就把她送了回去。我老公坐在椅子上看护了我整晚，后来他干脆从家里拿了一张很厚的瑜伽垫睡在了地上——猴年生小孩的床位就是这么紧张。

产后的五天

第二天上午，我开始尝试着给女儿喂母乳。她包在小被子里，闭着眼睛，皱着眉头，额头上有三道褶，张着嘴巴晃晃悠悠但是急吼吼地就往我胸上拱。我们两个新手都很紧张，结果我的胸被咬破，她也没到喝到什么东西，大家都白开心了一场。

护士小姐姐们很敬业，但是也很"粗暴"。早上查房，不仅要用力按肚子，还有专人大力扯胸检查出奶的情况。所以，那儿天过得真是毫无人类尊严，感觉自己和菜市场卖的鱼没有什么区别，都是随时光溜溜地任人摆布。

剖宫产后全天都在输液，第一天一共打了大概十几袋药物，左手一直不敢动。后来发现肿得很厉害，一按就有坑，而且非常酸胀。好不容易打完了，爸爸妈妈就坐在床边一人一条胳膊帮我按摩。

手术的后遗症之一，就是无法掌控自己的身体。尿袋和导尿管撤了以后，我发现自己没办法正常排尿了，但是又憋得不行。后来我想了个办法，坐在厕所里，用手用力按肚子发力，压迫膀胱，感觉到有零零碎碎的血块被一点一点地推了出来，非常痛，但是总算尿出来了，终于又找回了尿崩的感觉。我很发散地想到，肾结石的患者排石的时候是不是也像我当时那样啊……

第二悲惨的事情是一直没有排气，不排气就不能进食。虽然我也不觉得饿，但是非常渴啊。后来，我们用了一个热水袋垫在我的腰下面，第二天晚上就通气了，可以吃东西了。但是我爸给我熬的肉粥只喝了第一口就无法下咽。他不知道听信什么谣言，说月子里的产妇不能吃盐……幸好老公买了包榨菜给我。

第三悲惨的事情，是我的镇痛泵比正常剖宫产结束要早一天。正常镇痛泵至少能工作3天，但是因为我是顺转剖，开三指就上了麻药，所以到了第二天麻药量就不太够了。然后护士例行查房，按肚子、勒束腹带，每次都以我的惨叫告终。

第三天，我开始多下床，捂着肚子慢慢走路，因为术后要多活动，怕肠粘连。我老公白天回家补觉，换爸妈看护我。我们时不时地把我女儿借出来一会儿，如果醒着就让她来继续帮我开奶，如果睡着了就静静地看一会儿，拍个照片发到家人群里。

第四天是个值得纪念的日子，乳腺终于开始工作，我女儿喝上了第一口母乳。但是我两边的乳头都已经破了一轮并且开始结痂了，宝宝吃奶的时候我痛不欲生。肚子上的伤口好了一些，但是护士大力按肚子的时候，我仍然会忍不住大声惨叫。

下午我下床活动，隔着玻璃窗户看到了育婴室里的小朋友们在轮流洗澡和游泳，像橱窗展示一样。我打算随便拍一个交差，给家里人看看小朋友们的日常活动，于是就把镜头对准了离我最近的一个小朋友。结果拍了一会儿觉得有点儿眼熟，后来看到号码牌，才发现原来是我女儿！每次反复看这段视频时都能听到我在解说："小朋友们在游泳呢，你们看这个闭着眼睛好像很享受的样子，新生儿为什么都是皱巴巴的，这个小朋友还挺配合的，看着挺顺眼的……哎呀，呀！呀！！这是我们家的呀！"

第五天我出院了，回家第一件事情是在老公的帮助下包住伤口，把自己分成正面上、正面下、背面上、背面下四个区域，痛痛快快地洗了个澡。吹干头发的时候，感觉自己又重新回归文明世界了。当天还有一件大喜事，在智能马桶"助便水流"功能的帮助下，我终于顺利完成了剖宫产后的第一次便便。

我觉得自己很悲惨，本来开开心心的生娃历程，结果变成开了十指又顺转剖，吃了两遍苦头。坐月子的时候内分泌紊乱，这个事情想起来就哭一哭。后来听朋友们分享了各种惨绝人寰的分娩故事，发现自己还不是最惨的那一个：

朋友 A 怀的是双胞胎，剖宫产的时候被割断了小肠，生完以后整整一周禁食，只能输液；

朋友 B 剖宫产的时候，她本人没啥事，但是她崽的脸被划了个口子……

朋友 C 最厉害，她妈生她的时候，头生出来了，脖子被脐带缠住了，医生只好把她用力塞回肚子，然后推着妈妈去剖。后来她也怀孕了，她妈妈带她去听医院的孕期讲座，遇到当年负责把她塞回去的那个实习大夫，现在已经是医院产科的主任医师了。她妈妈很开心地拉着她给医生介绍："看，这就是你当年塞回去的那个小姑娘啊！"她只能捧着大肚子，一脸尴尬地看着喜相逢的两个人聊当年如何如何……

产后的某一天，老公在客厅看电视，忽然冲进来抱着我说："老婆你真是不容易。"我问他怎么了，他说刚才在看一个剖宫产的医疗纪实片，原来剖宫产这么可怕，肚子要割开7层，直接把他吓哭了。他很动情地摸着我的刀疤说："老婆你辛苦了！"我得意扬扬地说："请叫我刀疤陈。"

我和老公在讨论这段生孩子经历的时候，我还沉浸在鸡毛蒜皮的小事里，什么护士不和气啦，麻醉师下班啦之类的，结果他一针见血地给这件事情定了性：你这属于难产，要是在古代估计就一尸两命了。感谢医生，感谢发达的现代医学救了你们娘儿俩。

后来我看病历，上面写的是"持续性枕后位，分娩无力，经指导后仍然无法用力，转去剖宫产"，这25个字就是我漫长生孩子过程的官方书面记录。

小日常

我老公可以称得上是"模范老公"——

在我怀孕期间，他主动包揽了家中全部家务：洗衣、做饭、刷碗、打扫……

偶尔加班很晚回来，看着成堆的家务，他也会深夜掩面："我为什么想不开要生个孩子……"

PART 3 初为人母

01 万万没想到，生娃以后的第一个关卡是这个

生娃以后的第一个月，主要是感觉缺觉，这事可大可小。

怀孕的时候，我对未来的憧憬是像杂志里的超模一样，每天出门工作的时候衣着优雅、妆容精致，周末和家人一起推着婴儿车里的宝宝逛商场；经常约闺蜜一起下午茶，吃吃甜点，聊聊天，度过放松闲适的几个小时；有空就跳个半小时郑多燕，维持体型；再去报个线上英语班，提升竞争力……然而当妈以后，我满脑子就只想着一件事：睡觉，睡觉，睡觉！

孩子出生以后，昔日的美好幻想碎成了渣渣。面对着一个随时随地都会用哭声和我沟通的宝宝，不管白天还是黑夜，睡醒了就会嚎啕大哭着提醒我：该喂奶了！该换尿布了！我不开心，快哄我一

一点
提示

达·芬奇睡眠法：意大利画家达·芬奇发明的定时短期睡眠延时工作法，即每工作 4 小时睡 15 分钟。这样，一昼夜花在睡眠上的时间累计只有不足 1.5 小时，从而争取到更多的时间工作。

下！开始的时候我还很兴奋，终于有机会可以实践一下达·芬奇睡眠法了。然而现实情况是，我这种凡人依靠这种睡眠法保持清醒和好体力根本不靠谱，支持我一次次半夜爬起来喂奶换尿布的，完全是一种基于人道主义的责任心，而不是精力充沛。

平心而论，我老公挺好的，算是模范老公。我坐月子期间，除了喂奶以外，洗澡换尿布陪玩样样都精通。唯独晚上孩子哭，他帮不上一点儿忙，睡得像个猪，根本起不来帮我。科学家贴心地做出了解释，他们说从原始社会开始，婴儿想要活下去，就需要得到更多来自母亲的关注，所以婴儿会努力让自己哭泣声音的频率更容易被女性接收到。这就是为什么婴儿深夜啼哭，妈妈们一翻身就能够爬起来，而爸爸们还在呼呼大睡的原因。换句话说，婴儿的哭声就是给妈妈们量身定制

61

育儿涂鸦

小日常

据调研，新生儿父母的缺觉最长持续 6 年时间。

人家说："生娃之后，只有两种女人，一种缺觉，一种非常缺觉。"这话一点儿不假。

如果用一个字形容老母亲的睡眠，那就是"困"！

的闹钟，而这个声音自动选择略过了爸爸们。

这个结论，我是将信将疑的。如果这个结论是真的，怎么解释我妹夫每天晚上不辞辛苦地起夜给孩子喂奶，有求必应，而我的妹妹呼呼大睡，完全起不来这个现象？一想到这里，我就气愤地朝着老公后背来了一巴掌，果不其然，他还是没有醒。

苦苦支撑了两个月，我发现如果再这样睡眠不足，自己就会陷入焦虑、烦躁、厌食等一系列缺乏睡眠的副作用中，而这些问题是无法靠"我是一个伟大的妈妈"这种精神信念来挽救的。于是，我辗转找到了当时主流的育儿流派学说，学说主张对婴儿进行睡眠训练，建立"吃玩睡"的系统循环，而且明确地指出，就算是开头辛苦一点，养成好习惯后一定能够让妈妈们拥有优质睡眠。我看到"优质睡眠"这四个字就毫不犹豫地下了单，买回来一边认真研读，一边对里面描述的场景激动不已，幻想着自己能够顺利找回生娃之前的完美睡眠。

然而，睡眠训练法执行的第一天，凌晨3点面对已经嚎啕大哭了10分钟的宝宝、一群在门外用力拍门苦劝不要再让孩子哭的家人，我手里只有一本《睡眠训练》。书上专家眼神坚定、笑容慈祥，成功妈妈们的心得体验热情洋溢，然而这些都没办法帮助孤立无援、瑟瑟发抖的我抵抗全世界。于是，睡眠训练法，卒。

但是俗话说，上帝为你关上了一扇门，也会为你打开一扇窗。上帝给我打开的第一扇窗，就是"双 11"期间的零点秒杀。以前定了闹钟却起不来，现在终于可以清醒地得偿所愿了！只有我老公对着满地的快递包裹风中凌乱。

　　上帝给我打开的另一扇窗，就是半夜去妈妈群里观摩大家的喂奶打卡。"今晚第一次夜奶""今晚第二次夜奶""Hello，还有人在吗？什么，你们都睡啦？"我和这些妈妈们通过这种方式建立了牢不可摧的战友情谊，每天评选出当日睡得最少的"教（觉）主"，彼此惺惺相惜一下。因为这世界上只有两种妈妈，缺觉的和更缺觉的。

　　孩子半岁以后，每次妈妈们聚会，都会神秘地先问一个问题：你家孩子戒夜奶了吗？戒了的一脸得意扬扬，瞬间成为当天聚会的主咖，稳居 C 位。而周围聚集的多半是还没戒夜奶的妈妈们，小心翼翼地讨教经验，等待传授心得，然后满心期待地回家尝试。

　　为什么戒了夜奶的妈妈能够拥有这样的"江湖地位"？因为一旦孩子戒了夜奶，就意味着你将会拥有一个完整的睡眠，重新拥有甜美的好梦、光滑细嫩的皮肤，以及第二天早上有更充沛的精力去上班。然而很不幸，我参加了很多妈妈聚会，讨教回来了很多心得，仍然过不好每一个夜晚。

　　如何解救一个缺觉的妈妈？对于一个习惯了自救的职场女性来说，

必须是出差！出差的时候，没有了宝宝的半夜大哭，我睡得可好了，简直像一只冬眠的熊。如果不是早上肚子饿得咕咕叫，我是不会醒的。只不过，出差不是长久之计，一个月能够因为出差睡一个整觉，已经是我最大的奢侈了。

那年生日时，老公问我："你想要什么礼物？"我的回答是："今天孩子你带，我要补觉。"

我的闺蜜们对此的反应截然不同。没生孩子的说："啥？好容易过个生日，这就完啦？"生了二胎的说："太英明了！我也想这样，可惜我老公太忙，根本没时间带孩子。"

而我的一个宝妈朋友为了能多睡会儿，简直是无所不用其极。公交车上，卫生间里，饭桌上……然而她还是觉得不够睡，因为就算孩子睡了，还有家务，加班……生活可并没有因为你家多了个娃就忘记了你，而是一如既往地对你"劳其筋骨，饿其体肤，空乏其身，行拂乱其所为……"

而赶上孩子生病，妈妈们晚上通宵熬夜，白天还要坚持上班的情况就更多了……

很多职业女性都会陷入深深的纠结。一方面努力拼搏，是为了给孩子和家人更好的生活，一方面又为无法陪伴孩子成长而愧疚不已。

我的答案是，世上安得两全法。工作的时候高效，陪伴的时候全情投入，让孩子知道爸爸妈妈不仅会努力工作，而且非常爱他们，这就是我们能做到的最好了。不要给自己太大压力，把纠结和自责的时间留给更有意义的事。

02 意难平的产后产检

生娃以后，我去社区医院交回围产卡。社区医院的一个妇科医生人很好，我怀孕期间得到了她很多照顾。看她不忙，就坐下来聊聊天，顺便倾诉了一下我倒霉的顺转剖经历。她劝我说，只要母子平安就好了。

话虽如此，到底意难平。

说着说着，进来了一对夫妇，老公扶着妻子，两个人脸色看起来都不是很好。丈夫拿出一张化验单，请医生给看看。他说这是他们三年内第二次怀孕胎停了，孩子每次都撑不过 3 个月。他们去了好几个大医院，医生都告诉他们没办法了，催他们赶紧去清宫。他想着是不是再来问问社区医生，看看这里怎么说。

社区医生先让他们坐下，给他们倒了杯水，然后仔细地给他们看了一遍检查报告，说了几个指标代表的意义，以及极其渺茫的挽回机会，其实就是又一次宣告了胎儿的命运。

最后医生说："你们还年轻，抓紧时间养好身体。科学这么发达，尽快找出原因，以后肯定能生出健康宝宝的。"

那个年轻的丈夫，已经哽咽得说不出来话了，他的妻子就一直流眼泪。他说，其实他大概也猜到了最后的结果，只是想再来确认一次。

临走的时候他说谢谢医生，因为他们去了那么多医院，只有我们社区的医生给他讲解得最仔细、最认真。然后他就扶着他年轻的妻子告辞了，两个人都走得特别慢。

我坐在那里，一时间说不出话来。怀孕这件事情对于他们两个来说，真是残酷。命运给过他希望，却又很快带走了。对于年轻的妈妈来说，两次伤身又伤心的经历，她要怎样才能走出来呢？

社区医生目送他们两个走远了，看看还在出神的我，说："你现在是不是觉得自己已经很好了？"我拼命点点头，眼泪却忍不住流了下来。

03 一个人能带孩子吗

能啊，当然能啦！孩子 1 岁以前都挺好带的。

自己带孩子有三个利器：婴儿背带、纸尿裤、安抚奶嘴。如果是母乳喂养，那就更方便啦，掀起衣服就吃，吃完了也不需要刷奶瓶。

先说在家的部分

月子里的小孩就是吃了睡、睡了吃，真正清醒的时候不多，最考验妈妈的其实还是宝宝的生物钟和大人不同步，晚上每两个多小时就哭醒一次，不是换尿布就是喂奶。冬天离开温暖的被窝爬起来，真的好难。

3 个月之前的小朋友活动能力非常有限，能多趴一会儿就很厉害了。这时候的好处是随手把他们放在什么地方都很安全，沙发上、床上，或者着急了往桌子上放一下也没问题。等你回来的时候，他们还会冲着你咯咯甜笑，完全不会介意你消失了一小会儿。不过饿肚子的时候例外，饿的时候一秒钟也不能等。我曾经有过坐在马桶上喂奶的经历，想想那时候自己真是个狠人。

6个月左右的小朋友活动能力大增，但是还不会走路，仍然是非常可控的。你有个围栏或者把婴儿床放到最低，就能成功地把他们放进安全可控范围了。然后可以忙点其他的事情，做个饭洗个衣服就都不是事儿了。如果地方够大，可以把婴儿床放得近一些，让小朋友看着你，一边工作一边和他聊聊天，做个鬼脸逗他，他也会很开心。也可以准备个故事机放歌曲、讲故事，反正就是弄点儿声音出来陪着他就行了，没有的话手机也行。

还可以准备一些玩具，基本的要求是：柔软，好啃，容易清洗，没有尖锐的地方。在这个基础上，都可以丢给他们玩。然后就是，小朋友开心地啃玩具的时候，大人不要强行加戏。想想你正在专心致志看电影的时候频繁被人打搅，是什么感觉？当然，这个在儿童教育学中也有专门的理论：要培养孩子的专注力——可以从专心地啃自己大拇指20分钟开始。

在6个月前吃母乳的小朋友大概每天要吃10次奶，每次吃奶时间从5分钟到20分钟不等。如果全部时间都用手抱着，妈妈的胳膊很快就会废掉的。强烈建议宝妈们去买一个哺乳枕，小朋友可以很好地被固定在上面。省下两只手，可以开心地刷一会儿手机，放松一下心情。这个时间，算下来也是很可观的，每天至少60分钟呢。

出门基本就是三件事：晒太阳，买东西，找朋友玩

我们家当时是楼梯楼，婴儿背带就成了我带孩子出门最方便的选择。十几斤的小孩拎起来挂在胸前就出门了，简直太方便了，保暖、安全、感觉自己像个袋鼠。最开心的是双手活动自由，啥也不耽误。

婴儿背带

我感觉婴儿背带不用非得买国外名牌，淘宝上国产的几百块的就很好了。我家的那个现在在朋友家服役，看

样子还至少能再背两个孩子。

至于吃什么，我们可是在中国，各种服务多方便啊！水果啦、蔬菜啦，都可以外卖直接到家。如果想去外面放风，带宝宝去认识一下各种水果蔬菜，菜市场或者超市也是很好的选择。

安抚奶嘴

出门去公共场合，除了纸尿裤、干湿纸巾，小朋友最需要的其实是安抚奶嘴。心情烦躁的时候来一口，困闹了来一口，马上止哭。不会让你在哭声中手忙脚乱，还要忍受周围人投来的各种意味深长的眼神，也不会成为别人口中的"熊孩子"家长。带安抚奶嘴就一件事情要注意，小心别丢了。我出门一般带两个，万一一个丢了脏了还有一个备用。

至于纸尿裤，一定要用，真的节约了太多时间和体力了。生娃前我觉得人类最伟大的发明是全自动洗衣机，现在我感觉还应该加上纸尿裤。等新手爸妈技术娴熟以后，基本没有外漏的可能，各种贴心的防侧漏、防滑脱设计简直不要太贴心。一有情况就换，红屁股的可能性也非常低。红了也不怕，涂点护臀膏保持干燥，很快就

纸尿裤

会好了。我们只有一次包着纸尿裤还尿在外面的情况，纸尿裤一点儿也没湿，不知道她到底是用什么姿势尿出来的，这一直是我们家的"十

大未解之谜"之一。我现在有点儿怀疑是我老公尿床然后栽赃给女儿的……

6个月前的小朋友基本不生病的，注意好保暖、通风、屁股干燥，减少和外人的身体接触。别听乱七八糟的建议，不要乱喂各种补药、婴儿药，只给他们喝奶和水——如果纯母乳连水也不用的。很多时候不是孩子不好带，纯粹是大人们瞎折腾。比如非说孩子眼睛有点儿蓝色是入风啊，有枕秃是缺微量元素啊，晚上频繁醒是火气大啊——都是瞎扯。然后就会有各种不靠谱建议，什么给孩子喝黄连水啊，涂金银花水啊，煮一些奇奇怪怪的叶子洗澡啊……离这些人越远，你的带娃生涯越顺利。

自己带娃有哪些好处

工作日时，婆婆帮我带史包包，我还是很开心的。但是我也开始反思，我在带孩子这件事情上，到底扮演的是什么角色呢？最后的结论是，如果有条件，还是要自己多带。

错过五分钟，可能就失去了一段见证孩子成长的机会

孩子在刚出生的头几年里，真的变化非常大。从只会用哭表达情绪，到能够清晰地拒绝，到可以用语言表达自己的想法，真是一天一个样。

史包包在 1 岁左右，语言发育非常快，每天都能学会几个新词，然后用在日常对话里。

她不知道在哪儿学会了用"天天"表达不耐烦的情绪。

我说："吃饭啦!"她说："天天吃饭。"

我说："洗澡啦!"她说："天天洗澡。"

晚上爸爸招呼她和爷爷奶奶视频，她嘀嘀咕咕地说："天天和爷爷奶奶视频……"

我赶紧把她嘴捂上了，这可不是我教的啊!

还有一天，和我说再见的时候，她没有挥手，而是叽里咕噜唱了一段歌，但是我完全没听懂她唱的是啥。还是每天陪她一起看《小猪佩奇》的姥姥一语道破天机："是佩奇里的歌。"史包包马上点头，说："是羚羊夫人唱的!"她们两个马上有找到知己的感觉。

后来我把歌词给打印了出来：

Bong bing boo, bing bong bing.

Bing bong bingly bungly boo.

Bong bing boo, bing bong bing.

Bing bong bingly bungly boo.

我们一家三口晚上睡觉前扯着喉咙大吼几遍，史包包就会非常开心。

我希望在她的成长过程中，我可以更多地参与进去。以后也会有属于我们的这种"别人都不懂，但是我们可以会心一笑"的小秘密。这将会是我们人生中非常难得的一份体验。

另外就是，小朋友身体上有些小细节，也是在变化的。比如史包包3个月之前，脑袋上的小毛毛有股奶香味。学会走路后她每天的运动量很大，脑袋每天闻起来都是酸溜溜的，一天要洗两次澡。幸好当时我们每天都去揉揉她脑袋，闻一下香喷喷的小脑袋，不然发现味道消失的那天，我们得有多遗憾呢。

我们希望孩子成为怎样的人，需要自己言传身教

这其实是观念的问题。老人带孩子带得再好，有些观念和价值观也和我们不一致了。我们希望孩子成为怎样的人，我们就应该自己身体力行，言传身教。

而我妈是数学老师，很早就教会了史包包认识三角形、正方形等图形。在小区里玩滑梯时，她还经常指着这些形状让史包包认，和别的小朋友显摆。但是，我妈喜欢给史包包穿不合身的宽大衣服，她95厘米高的时候，我妈已经要求给她买110厘米的衣服了。她总说小孩子长得快，不要买正合适的，要买大一些的，买大一些的。

我小时候我妈就是用这个理论养我的，给我啥衣服我就穿啥。结果就是我长大以后对衣服的审美能力极差，穿裙子和穿运动服对我来

说根本没有什么区别，总是随手抓起一套衣服就出门了。

现在我妈先是嫌弃我不修边幅，不注意个人形象，然后又开始试图补救，给我安利一些淘宝爆款的泡泡袖、小碎花、荷叶边啥的……现在我终于有能力拒绝了：我骨架子大，这些甜美路线根本不适合我，我就应该穿线条利落的欧美风格，突出肩膀和腰线的那种。

我不想让这个审美悲剧在史包包身上重演。我希望她从小就能明确自己的喜好，勇敢地对自己不喜欢的衣服说"不"。事实上，她现在比我预期的还要更厉害一点，不知道是不是因为2岁叛逆期的原因，她往往对我给她搭配好的衣服不屑一顾，自己从衣柜里挑衣服穿。我只能祝她有一个很好的品位了。

我最希望的是，史包包能够活得更加从容优雅，不只是物质上充沛，精神上也要富足。这个才是爸爸妈妈能够留给她的最好的东西。

比起体力上的辛苦，妈妈的心理健康更重要

如果是真的没有人帮忙，一个人带孩子，一定要多找人聊天，哪怕是吐槽也行。新手妈妈本来就睡眠不足，然后有时候想到自己一个人带孩子好辛苦，为什么别人都有人帮忙，可是我有时候连老公也看不到，就会觉得委屈到想哭。这时候就真的需要自我调节好，不然很

容易情绪低落。万一你觉得心情不好了，记得要积极向外界求助，找一些能给你温暖的朋友聊天，远离那些负面情绪很重的人。

一个人带孩子这件事也是要有必要条件的。有的时候一个人带不来孩子，不是你不够优秀，而是刚好遇到一个高需求的宝宝。比起有的孩子塞个奶嘴就能自己玩儿半天，高需求的宝宝可能就必须要有人一直抱才有安全感。这两种类型的宝宝，给妈妈带来的体力付出和精神感受是完全不同的。我家娃除了晚上睡觉不踏实外，其他还都挺省心的。我和婆婆一起带孩子的时候，我婆婆能出去上课学化妆、学唱歌，我能去考初级厨师证，都是基于这个原因。这样想想，自己其实还挺幸运的。

另外，家里人的支持很重要。一个不帮忙还嘲笑你"人家都可以怎么就你不行"的家人，和一个只要有机会就帮把手，精神上鼓励你的家人，谁的作用更大，这是不言而喻的。

生娃之前，我朋友和我说，你娃以后的身体健康情况，直接决定了你以后的生存质量和精神状态。这句话真是金玉良言。

04 产假期间，除了带娃还能做点啥

产假期间，我做了以下两件事情。

一、考了一个厨师证，人力资源和社会保障部发的。如果出国，我可以用"有专业技能的厨师"身份申请，算是劳务输出。

二、搞了一个"妈妈生活圈"小社群，做了很多好玩儿的活动，比如"寻找我们身边的母婴室""花式举娃大赛"等。没花钱，还找到了稳定的礼品赞助商。

生娃之前，正好赶上广东省的产假改革，产假延长到了6个月。这么长的时间怎么用？在我们社区医院给待产孕妇建的群里面，大家热烈地讨论了起来。有人说要去考个驾照，有人说要去学门外语，我呢，我早就打听过了，人力资源和社会保障部有免费的技能培训，学完考到证书就返还学费。我说我要去考一个免费的厨师证，再搞点自己开心的事情。

后来，等到产假差不多结束的时候，我主动在群里回顾了一下这个话题，结果 300 多人的群，只有我一个人超额完成了目标。

先说学厨艺的事

我参加的是广州市职业能力培训中心开办的粤菜厨师初级班，学费 1600 多元，工作日上午开课，连续一个月。学完以后参加考试，考过以后就可以领取学费津贴，基本上就是免费学习了。证书含金量比较高，是人力资源和社会保障部发的职业资格证，支持国内就业和出国务工。

每个省市几乎都有这种人力资源和社会保障局下属的职业技能教育培训中心开设的各种课程，大家可以留心查一下。上海的最洋气，还有宝石鉴定、红酒品鉴之类的。广东的比较朴实，都是粤菜、保育员、电气工程师这种实用学科。

我报名的是粤菜班，和我们同期开课的还有西餐班和面点班。有人的地方就有江湖，虽然不是厨神只是厨师培训，可是老师和学员们嘴上不说，心底里还是暗暗较劲的。

很可惜，第一周，粤菜班全面惨败，处于食物链底层。人家都开始做真正能吃的东西了，我们还在练习铁锅炒沙子、颠勺、切萝卜和转碗，就是第一周的全部功课。

西点班黄油飘香，面点班蒸汽飞扬，我们能拿得出手的就只有切得细碎的萝卜丝、萝卜片、萝卜段。可是广东人什么都肯吃，就是不肯生吃蔬菜。

西餐班的同学特别好，每天做出成品都热情地邀请我们这些饥肠辘辘的小白鼠过去试吃。面点班的老师比较小气，像一头母狮子一样捍卫着她那块领地，任何敢于靠近的偷食者都会遭遇她毫不留情的高音驱逐。可是她毕竟精力有限，她麾下的小狮子们心思灵活、大胆可爱，积极地用各种办法，把好吃的藏在围裙下、扣在盆里带出来给我们吃……

一周过去了，我们依然是三个班中唯一一个只产生噪声，不制造美食的……好在第二周就开始炒菜了，到那时候我们就开始报答其他两个班的同学了。

西餐班、面点班和粤菜班的学习如火如荼地进行着，大家都学得很认真。但是对我来说，最大的问题是，如何背奶。我是产后第二个月去参加学习的，每天上午学习4个小时。上午课间怎么挤奶，是个很大挑战。这里我要大力吹捧一下我的电动吸奶器，它真的让母乳妈妈实现了自由外出和移动的目标。我每天带着它去学校，中途跑去洗手间吸一次奶，然后再若无其事地回去上课，一直坚持到学习完毕。产奶这个事真是用进废退，前半个月一上午要吸两次，后半个月一次就够了——奶量大幅减少。

结业考试考的是蒜蓉开边虾，考前老师给突击补习了一下，我们就愉快地去考试了。当当当当，顺利通过。最后我的结业总结是：老师做的这些菜，我都吃到了！

后来有一次，我在线上做一个社群分享的时候讲了考厨师证的经历。有个朋友问："我看你这么忙，学完以后有空给家里人烧菜吗？"

我想了一下，说："我老公也在问我同样的问题……你说得对，这确实是一个问题……"

再说我组建的"妈妈生活圈"社群

为啥取名叫"妈妈生活圈"？是因为我没有想组建一个特别硬派的学习团伙，而是一个妈妈互助群。这里主要分享妈妈们面临的压力和困境，并且希望能够帮助宝妈解决它。

在短暂的运营期间，我们做了几件大事，比如"寻找我们身边的母婴室""花式举娃大赛""萌娃丑照大比拼"，等等，这些活动得到了社群妈妈们的大力支持和参与。我还发挥我的市场专业特长，找到了稳定的礼品赞助商，一毛钱没花。

和我一起做这个社群的是我的两个网友——费米态博士和大 C 女士。

　　费米态博士是真的博士，她是北大硕士，国外某个说名字你也不知道但是业内特别牛的高校物理博士，国内某重点高校硕士生导师，也就是俗称的科学家。

　　我和费博士结识在我们社区医院的妈妈群里。我对她的印象，要么是她晒自己做的面食，要么是她给我们讲自己平时如何节约用水。我以前对女科学家的全部认识都来自美剧《生活大爆炸》中的 Amy，费博士是我认识的第一个活的并且如此真实又接地气儿的高级女知识分子，平时大家闲聊瞎扯根本看不出她的科学家属性。

　　费博士怀孕生娃的经历堪称一部女性生育史诗，历经数次折腾才怀上她家小 p。为了这个目标，她扎过的针、吃过的药不计其数。等她家小 p 长大，翻开当时费博士怀孕的医药费账单，一定会深深感受到妈妈对她的爱。而费博士的人生目标是生三个！

　　大 C 则是我朋友中的一个传奇人物。关于她有很多有意思的传说，但是她本人从未正面承认过。她主要做两件事，吃东西和健身。每每深夜"放毒"，不是龙虾、螃蟹，就是鱼生。我感觉她祖辈应该是个渔民，骨子里有喜爱水产品的 DNA。

　　大 C 和费米态博士她们两个最大的相似性，体现在照片上。大 C

所有放出来的美照都是背影或者无脸人，我从未见过她的正脸照片。而费博士给过我她工作时的照片，类似全副武装的防疫站工作人员打扮。

大 C 在健身方面特别擅长，我们怎么练也赶不上她，所以在朋友中，她最受欢迎的属性其实是美食行家。反正每次出去吃饭，有她在我就不用操心点什么。如果是吃商务餐，那就是她点什么我"再来一份"就可以了。

费米态博士的特长是时间管理，她在学校既教书又搞科研，还肩负着很多协会、学会，又要照顾家里的小朋友，是个高效率的多面手。

我们三个没事一起聊聊天，交流一下带娃心得啥的。大 C 家的娃比我们都大一些，给我们贡献了很多幼儿园题材的故事，比如孩子说班里有男生亲了她，怎么办？她讲了她遇到这种情况，如何和老师沟通，怎么保护小朋友的故事。而在本书截稿之日，费博士已经朝着自己的人生理想又进了一步，二娃已经 2 岁了。

总而言之，如果你想在产假期间做点事情，其实是可以的。主要是要做好时间安排，以及有排除万难也要执行的决心。

01 生娃后，你焦虑了吗

生娃以后，我发现自己经常会陷入一种慌乱无措的状态。触发这种状态的原因很多，可能是随机的：宝宝吃东西的时候咬到了舌头，老公说今天宝宝看起来不精神；也可能是规律的：宝宝每天不好好吃饭，一看到别人家宝宝能走路自家娃还只会爬就着急……

如果你也有这种情况，那么可能就是陷入育儿焦虑了。有句话叫"关心则乱"，因为太担心孩子，因为太想做个好妈妈，出现焦虑简直就是必然的。

一般来说，宝宝 1 岁前，妈妈主要焦虑孩子的身体状况，以及思考如何做一个好妈妈。1 到 2 岁，焦虑孩子的性格发育，2 到 3 岁，开始焦虑孩子的教育问题。如果是一线城市，教育焦虑会来的更早一些。

除此之外，家人之间相处的新模式、育儿的开销、生活节奏和重心的转变，也会让新手爸妈产生焦虑。

我自己从怀孕到生娃以后，每个时期都有每个时期的焦虑内容。

怀孕 8~9 个月的时候胎儿是臀位，每天一想到未来可能要剖宫产就想哭，焦虑。

宝宝 1~3 个月的时候，我老是觉得自家娃和育儿专家说的模范婴儿不一样，吐奶、换纸尿裤过于频繁都能让我吓得一惊一乍的。记忆最深的是我女儿 3 个月的时候，有一次居然一口气睡了 8 个小时没醒，我和她爸爸吓得要命，拼命弹她脚底板把她给弹醒了。

宝宝 3 个月以后，开始操心她的大运动发育，为啥隔壁家小孩都能爬了，我们家才刚能坐稳？焦虑。

宝宝 6 个月的时候，产假结束，重返职场，开始担心自己的职场生涯和上升空间，焦虑。

白天工作，晚上带娃，一根蜡烛两头烧，但是发现自己离"完美妈妈"越来越远，焦虑。

1岁左右开始盼望宝宝开口说话，听到类似"babamama"的发音就兴奋不已，没听到就郁郁寡欢，觉得自家娃开口太迟，焦虑。

随着孩子逐渐长大，花钱的地方也越来越多，发现钱越来越不够花了，焦虑。

1岁半左右，开始想孩子以后要上什么幼儿园？什么小学？学习哪些才艺？以后要念什么大学？想着想着就开始心烦意乱了！

类似的例子还有很多很多，数不胜数。但是，我想说的是，每个妈妈都会不可避免地经历这个过程。焦虑是我们对外界压力的一种应对机制。焦虑不一定都是坏事：只有对自己要求高，希望做得更好，才会产生焦虑。我们可以做的，就是合理地消解焦虑，并且把其中值得认真对待的部分单独拎出来，转换为我们育儿道路上的动力。

02 带娃的时候心态崩了怎么办

带娃带到崩溃，可以说是每一个妈妈的必经之路了。

我家史包包出生在年底，所以"双11""双12"的时候，别人都在家拆快递包裹，我每天在家拆她的屎包和尿包，最夸张时有一次半小时换了5个纸尿裤——这也是为啥我给她起名叫"包包"的原因。

带孩子中这种类似的琐事还有很多，无休无止，最容易让妈妈们的情绪耗尽，心情崩溃。我身边的宝妈朋友也会经常和我吐槽："我刚扫完地，一转身孩子就把饭菜扔地上了，气得我揍了他两下。""今天孩子穿着纸尿裤还漏到了床上，这周已经换了3次床单，我一下就崩溃了，冲孩子吼了半天，吼到最后自己都哭了，又觉得对孩子太凶了。"

养娃三年，我心态还非常积极乐观的秘诀就是：不带感情地处理这些破事儿。

每次换纸尿裤、打扫史包包制造的满地狼藉时我都心里默念：我是一个"莫得感情"的机器人儿。

有一首歌叫《开门见山》，我觉得唱得很好，虽然说的是爱情，但是道理是相通的：

那是个月亮，就是个月亮，并不是地上霜……

什么风景，就怎么看，何必要拐弯。

打开门，就见山。我见山，就是山。

本来就，很简单，不找自己麻烦。

对待这些琐事也是一样，孩子吐了就打扫，孩子脏了就洗澡，有问题就解决问题，这和你已经重复劳动了多少次、孩子懂不懂事、嫁到谁家、和谁生孩子没有一毛钱关系，没必要再联想发散，进而感慨命运悲惨。

剥离情绪去处理日常琐事，是我育儿路上的重要法宝，也是工作教会我的宝贵经验。

所以虽然史包包制造过很多堪称大片的灾难现场，比如 Golden bath（这个场景我都不想用中文描述）、撕了一地的碎纸巾、把辅食抹得满身满脸连头发上都是……但是我打扫的时候心态还是稳的，没有一边打扫一边仰头 45 度角流泪："我错了，我真的错了，我从一开始就

小日常

成人在宝宝面前容易变成"双标狗"：

狗狗撕纸我们就会很烦躁，

宝宝学会撕纸我们却很开心；

可是狗狗会帮我准备拖鞋和报纸，

我却每天要给史包包穿衣服……

91

不应该生孩子……"

反而是史包包自己慢慢长大，看到自己脏兮兮的会大惊失色。

她练习脱掉纸尿裤的那段时间，有一次报告上厕所不及时，结果臭臭掉到了地上，吓得她大喊："屎，屎啊！"我还以为她想要念一首"史（屎）诗"。

还有一次她吐了一身，又脏又臭，羞愤难当，哭哭啼啼地喊："洗澡，我要洗澡……"又脏又萌，笑死个人。

妈妈也只不过是一个普通人，做不到"用爱发电""大爱无疆"。我的爱一共就这么多，比起消耗在这些无足轻重的小事上，我更愿意把满满的爱意留给我们的亲子时光，和史包包一起讲个有趣的故事，做个无脑游戏之类的。等她长大以后，我们会拥有很多美好的难忘时光，而不是妈妈暴躁、孩子哭泣的悲惨童年过往。

在做项目的时候，我们说要把优势资源放在重点内容上，才能产出最大价值。我觉得育儿也是一样的：不要把精力投入到无足轻重的琐事上，却和孩子最好的时光失之交臂。

03 怎样减少照顾宝宝的焦虑

对于新手妈妈来说，担心宝宝的身体状况，害怕自己照顾不好一个柔软脆弱的新生儿，是孩子 1 岁前育儿焦虑的主要来源。如何减少这部分的焦虑，我有几个建议。

多和同龄孩子妈妈交流，储备信息

照顾孩子其实是一个从陌生到熟练的过程。有个几百小时的上岗经验，你就知道孩子忽然一动不动皱着眉头使劲，应该就是要拉臭臭了；两个手揉眼睛，应该就是想睡觉了。孩子第一次发烧，新手爸妈都火烧眉毛地往医院跑。第二次就知道，如果孩子精神好，只要保持体温不要太高，观察一下，等症状再明显一些去看医生也不迟。

积累经验库，自家孩子的样本是不够的，还需要多和附近同龄孩子的妈妈交流。有些传染病是地区性的，一个小朋友的妈妈报告说自家崽发烧被确诊为手足口了，其他小朋友的妈妈就会紧张起来，主动看看自家小朋友身上有没有可疑的症状。有些小朋友因为出牙或打疫苗发烧了，其他妈妈也会做好准备。你有几个样本，我有几个样本，大家一交流，就知道以后遇到什么事情应该重视，遇到什么事情不必紧张。而身边的二胎妈妈简直就是育儿宝库，照顾过老大的经验让她们不会太慌张，足够成为新手妈妈们的主心骨。

我们社区医院的妇科医生每年都会建一个待产妈妈群。我们这一批妈妈从怀孕到生娃、养娃一直在一起聊天，还有专业的大夫帮我们答疑，无形中释放了很多压力，真的特别感谢社区医院的两位大夫呢！

不要盲目地听信某一个育儿专家

我发现身边很多求知欲特别强的父母，其实是被各种育儿专家的混合意见给带焦虑的。

有的育儿专家说，1个月的婴儿就应该开始视觉训练看黑白卡了。很多爸妈一看，我们娃都3个月了！不开心，以后要输在起跑线了。

有的育儿专家讲，孩子一定要从小接受睡眠训练，不能一哭就抱，不然会惯坏孩子。结果孩子一哭，感性的部分让你想抱抱孩子安慰一下，理性的部分惦记着专家说不能抱。两种矛盾撕扯下，育儿焦虑随即产生：我们家孩子怎么睡不明白呢？

首先你要知道，即使是育儿专家的各种流派，也是有周期性的，几年一变，总有更新、更时尚的出现。之前的不一定是全对，以后的也未必不会被抛弃。我们群一个二孩妈妈说得特别好：生老大的时候流行亲密育儿，满足孩子的一切需求；生老二时忽然倡导睡眠训练了，一定要给不到1岁的娃立好规矩。真是不敢生老三了，主要是脑子不够用，学习不过来了……

每个孩子都是独一无二的个体，即使这个理论已经在100个孩子身上起作用了，也未必能沿用到第101个孩子身上。教育上说要"因材施教"，育儿这事也要看孩子的性格来决定方法。比如你的娃一出生就是个萌妹子性格，一抱着她，她就冲你笑，你能无视她张开求抱抱的小手吗？再比如你的娃1个月的时候就发现是个"铁血真汉子"，作息时间像军人一样规律，根本不需要人陪睡，老母亲当然就可以开心地放松一下了。

养孩子这个事情之所以难搞，是因为它不是精密的科学实验，不是"20分钟游戏+15分钟喝奶=3个小时睡眠"，而是由各种各样的小细节构成的。这里的变量太多，只能尽量去寻找规律，而不是强行套路。

如果你一定需要一些指导性意见育儿的话，为了降低焦虑，我建议大家可以多去关注几个不同流派的育儿公众号。不是声音大的才是主流，才是真理，小众的声音里也有干货。当你看到你推崇的一位育儿专家的理论在另一位育儿大咖那里被怼得落花流水、溃不成军的时候，你就会恍然大悟：神仙也会打架啊！

其实育儿这个事情并没有什么统一的规则。你可以多思考一些"我的孩子需要怎样养"的问题，而不是"老师说我的孩子应该怎样养"的问题。

有事及时求助医生

如果孩子有任何身体不适，你觉得心里忐忑不安的话，求助医生是非常好的选择。

以前有个真事，还上了社会新闻，说有个新手爸爸抱着孩子冲进了急诊，说自家孩子每天睡十几个小时，很担心。医生一看，孩子才两个多月，解释清楚笑着让爸爸回去了，最后这件事成了大家的笑谈。

我倒是觉得，这个爸爸只是缺乏照顾新生儿的经验而已，但是他主动观察孩子的睡眠，积极求助，这些事情都做得很好啊。

如果你去问七大姑八大姨，大家给出杂七杂八的意见，反而会加重你的焦虑，这时候去听听医生的权威意见，才最让人放心。这里需要和大家多交代一下，你们得自己去找身边值得信赖的儿科医生。昨天我们社区的妈妈群里还点名夸奖和吐槽了附近三甲医院的儿科医生们，好的大夫是真心好，耐心细致又对小朋友和气；也有一些医生巨坑，普通感冒给半岁大的孩子开两百多块钱的药，还有四五种中成药。所以，如果你遇到很好的儿科医生，一定要珍惜他们啊！

04 如何避免育儿路上陷入缺钱的恐慌

有一说一，现在养孩子确实有不少需要花钱的地方。比如纸尿裤这种必需品，新生儿几乎一天要用十几个，就是几十块钱，至少要用到 1 岁半左右，这就是很大一部分支出了。除此之外，婴儿车、婴儿床、宝宝润肤霜、维生素 D，林林总总加起来也不少。但是，当我们在大牌和平价产品之间挑选，想省点钱的时候，又会有另一种声音在我们脑海里盘旋：童年只有一次，要给孩子最好的。很多人都会因此陷入深深的自责：虽然已经竭尽所能地照顾宝宝了，但是仍然觉得自己花钱太少，还是不够爱孩子。

花钱少等于不爱孩子吗？到底是谁给我们灌输的这种观念呢？是无处不在的商家。

母婴产品的用户是孩子，但是决策权在父母。所以，抓住父母对孩子的爱和期待，就是很多广告投放的核心。因此，你会看到，市场上各种母婴产品的宣传都是"买这个对孩子好"，潜台词就是：不买这个产品就是不够爱孩子。

然而，我们冷静地想一想，市场上有99元的婴儿车，也有3万元的婴儿车，价格敏感型父母觉得这个车只要安全实用，99元也能买到好产品；重视品牌和溢价的父母觉得品牌和外观都很重要，价格在能够承受的范围内就可以买。这是不同类型消费者的购买偏好，并不意味着买99元钱婴儿车的家长就是不爱孩子。那些买了便宜婴儿用品就觉得自己对不起孩子的家长，其实完全没必要。

所以，有时候我们在育儿上的盲目花销，其实是陷入了商家宣传的"焦虑陷阱"。人们对"物美价廉"的产品永远是刚需，找到适合自己消费观和消费能力的产品就行了。我们对孩子的爱，不仅仅是金钱投入这一项，普通消费也能养好孩子。

后面我会专门开辟一章叫作"带娃经济学"，专门来说说育儿过程中如何理性消费。

05 断母乳，你焦虑了吗

对于妈妈和宝宝来说，断奶可谓是母子关系中具有划时代意义的大事。这不仅意味着喂养方式的改变、食物的调整，也对宝宝的心理发育具有重要的影响，一些心理学家甚至把断奶称为"第二次母婴分离"。

什么时候可以把断奶提上日程

母乳是新生儿最好的食物。世界卫生组织建议：婴儿出生后 1 小时内开始母乳喂养，6 个月内纯母乳喂养，坚持母乳喂养到 2 岁及以上。在婴儿 6 个月龄时开始添加有足够营养和安全的辅食。

对于我国大部分母乳宝宝来说，从 6 个月开始添加辅食以后，母乳已经不是唯一营养来源了。7 到 12 个月是宝宝建立依恋关系和安全模式的重要时期，这时候的母乳不仅为孩子提供营养，也是孩子和母亲建立亲密关系的重要连接。但是，当妈妈在生活和工作上有了新安排以后，断奶也会被提上日程。因此，不需要迷信"最佳离乳年龄"的说法，妈妈的个人意愿更重要。只要妈妈做好了准备，就可以着手进行戒奶了。

一点
提示

a. 6 个月以后是婴儿生理上可以断奶的时期，1 岁左右是心理上比较合适的断奶时期。

b. 断奶后仍然可以补充奶粉、牛奶（1 岁后）等乳制品。

c. 不需要迷信"最佳离乳年龄"的说法，关键要看妈妈的具体情况。

断奶不断爱，做好心理建设再行动

想要优雅离乳，就得母子双方都满意才行。很多妈妈准备断奶的时候，都会产生很强的负罪感，觉得自己没有给孩子足够的爱。如果家里人也纷纷指责妈妈"这么小就给孩子断奶，太狠心了""别人家都能喂到 2 岁"，那就更是火上浇油，起不到任何帮助。

101

因此，我建议妈妈们不要把"断奶"和"给孩子爱"混为一谈。断奶就是我们育儿路上的一个必经之路，是一个技术活，断奶也可以不断爱。另外，如果妈妈已经决定要断奶了，家里人也要表示支持才对。不仅要在舆论上给妈妈加油、鼓劲，同时也要在断奶期间多照顾宝宝，让宝宝始终有安全感。家人越是多帮忙转移宝宝的注意力，妈妈断奶进行得也会越顺畅。

一点
提示

a.断奶不断爱，妈妈们不要给自己心理压力。

b.家里人要从行动和舆论上给予妈妈支持。

c.断奶期间，家人要更多关爱宝宝、照顾宝宝，转移宝宝的注意力。

避免这几个误区，保护孩子身心发育

有一些常见的断奶误区，是我们科学断奶时一定要避免的。

分离断奶是很多老一辈的断奶必杀技，据说再恋奶的孩子，带回老家1个月，回来也能戒奶了。然而，这种看似省事的方法并不可取，会给孩子带来很大的心理伤害。对于宝宝来说，如果突然既看不到妈妈，又喝不到母乳，他不会觉得这是在断奶，而是妈妈不要我了。当宝宝再次见到妈妈的时候，一定会表现出非同寻常的分离焦虑，毫无安全感，一看不到妈妈就放声大哭。

孩子生病的时候抵抗力下降，这个时候不要断奶，否则孩子心情变差，就不容易痊愈。同理还有不要选择在天气过于炎热的时候断奶，这个时候孩子胃口差，抵抗力也会变差。尽量在熟悉、安全的环境里，选择孩子身体健康、心情放松、胃口好的时候断奶。

在妈妈乳头上抹辣椒、黄连，也是不可取的办法。亲喂的过程是孩子和妈妈温馨的独处时光，是孩子获得安全感的方式之一。如果孩子猛然发现，吃奶不再是能够放松心情的港湾，反而又辣又苦，那种从熟悉的地方得不到安慰的"背叛"感，也会给孩子的心理发育带来阴影。

循序渐进，三个步骤科学断奶

自然优雅地离乳，关键在于循序渐进。

首先是时间规划，一般用 2~6 周的时间断奶是比较合适的。妈妈和宝宝都能够从容地接受，心理和身体上的负担都不大。尤其是对于妈妈来说，奶水不是自来水，说断奶一下就可以关上水龙头。

用 2~6 周的时间减少奶量，从而实现断奶，也不容易得乳腺炎。断奶后不需要排除残乳，千万切记。此外，在时间上选择春秋两季比较合适，天气凉爽宜人，宝宝胃口好、抵抗力强，断奶期间不容易生病。

其次，逐渐提高辅食比例，减少母乳次数。我们可以用奶粉或者辅食代替一次母乳，孩子适应了以后，再逐渐增加辅食的次数和分量。第一周每天 1 顿辅食，第二周每天 2~3 顿辅食，直到孩子可以完全脱离母乳为止。有的孩子适应能力强，也非常愿意尝试新鲜食物，可能在 1~2 周就能够实现断奶。有的孩子比较依恋妈妈，可能就需要 4~6 周的时间。这个要根据孩子的性格来决定，急不得。

最后，家里人在这段时间要多承担照顾宝宝的工作。可以多带宝宝出门遛弯、玩玩具，让他们始终有新的东西玩，降低对吃奶的关注度。等到宝宝饿了，妈妈又不在身边，对辅食的接受程度自然就会更高了。如果宝宝已经断奶，冰箱里还有一些之前储存的母乳，也不要浪费，用奶瓶喂就好。

另外，如果宝宝偶尔出现反复的情况，不要慌。戒奶不是线性的一刀切，而是螺旋推进的过程。第一时间安抚宝宝的情绪，是比坚持原则更重要的事情。

06 如何远离"成为完美妈妈"的焦虑

这几年，总有一些妈妈被定义为"完美妈妈"，她们可能是一边生娃，一边工作，身材傲人的超模，也可能是生了三个娃还能领导企业的高管，又或者是生完孩子一个月就能带娃上街，随时随地光彩照人的明星妈妈。

不仅事业家庭双丰收，还是杂志和社交媒体的常客，很多新手妈妈把"完美妈妈"当成了自己努力的方向，每天给自己"打鸡血"、喊口号，健身、提升、育儿样样都不落，样样都想做得更好。

然而事实的真相是，我们都是普通人，过的是普通的生活。独自带娃的时候，我们可能连口饭都吃不上，生完娃以后可能两三年都没办法恢复原来的身材，职业上升空间越来越小，而生活压力却越来

105

越大。

更多的妈妈，离完美很远，离崩溃更近一些。媒体越鼓吹"完美妈妈"这个说法，我们这些普罗大众就会越来越恐慌。就像"高大全"的人物形象只存在于影视剧中一样，"完美妈妈"也不是一个为人父母的常态。商业领域最忌讳的是选错竞争对手，为人父母最可怕是选错育儿的参考对象。

作为一个普通人，我们难免会遇到各种情况：别人孩子都会爬了我们的还不会坐立呢，怎么办？隔壁小姑娘已经能用英语熟练对话了，我们的连个英文名都没有，怎么办……

这时候，如果你还很吃"完美妈妈"这一套，陷入焦虑中，营销套路就会乘虚而入。加上各种贩卖焦虑的鸡汤文、煽动情绪的"10万+"推波助澜，动不动就放大明星妈妈的一招一式，过度解读她们的一举一动，给她们冠以"完美妈妈"的称呼。等到我们看得自惭形秽以后，再把"完美妈妈"变成一个消费符号，引导大家用消费化解焦虑："买了这个产品，就离完美妈妈更近了一步""对自己不够好永远也不可能完美""给自己投资越多，离完美越近"……

所以，鼓吹"完美妈妈"的受益者，不是越来越焦虑的新手妈妈，而是用焦虑兜售产品的商家。想清楚这一点，你就没有那么慌了。

想想看，我们生娃之前也就是个普通人，养娃的过程只会让我们暴露出更多的缺点，而不是一路高歌，迈向人生巅峰：生娃之前百米跑不进 10 秒，生娃之后也肯定无法成为奥运冠军。很多名人、明星的爱情故事纷纷"扑街"，现在也轮到"完美妈妈"这个角色走下神坛了。

在为人父母的这条漫漫长路上，承认自己是个普通父母，心平气和地正视自己的缺点，在育儿路上和孩子一起成长，共同改进，是比喊一个遥不可及的口号更有用的真实育儿法则。只要比昨天的自己做得好，就已经是一个很大的进步了。

泥石流派育儿

宝宝怎么走哪儿撞哪儿？以后考驾照肯定要考很多次……

01 育儿流派这么多，到底听哪个

当然是听适合自己孩子的那种。

和变形金刚里分为狂派和博派一样，当下育儿界也分出了各大流派。我本着科研的精神简单整理了一下，大致可以分为以下几类。

洋务派

这个育儿群体的主导者通常是一个身在国外、育有至少两个孩子的辣妈，手握百万粉丝，定期给我们传递最新的国外科学育儿理论，比如睡眠仪式、吃玩睡模式、定时补充维生素 D 之类的。

这种公众号通常是与时俱进的，而且这一派的辣妈通常展示给我们的都是无忧的生活和美好的自家二层庭院，也就是我们特别想要成为的那一类人，所以特别受新手妈妈的欢迎。还有什么能比一篇《英文这样学，让你的宝宝把英语当母语》这样的文章更能在深夜安抚一个焦虑的新手妈妈呢？然后她们文章里谈到的一些专业词汇让我们非常仰视，比如"自主入睡"，比如"接觉"，后来你发现这些其实就是姥姥、奶奶说的"宝宝困了，睡着了"，或者"没睡够自己又睡了"，但是当你第一次小心翼翼地阅读这些专业词汇的时候，你的心情是激动的，这些词汇也是神圣的。

当然，这类洋务派育儿最常见的问题是，当你满心欢喜地等着最新一期和国外同步的育儿经验指引，结果却发现一打开全是团购。

国学派

这类妈妈从怀孕的时候就开始十分地严格要求自己了：怀孕的日子必然是算过的；螃蟹不能吃，因为会流产；酱油不能吃，孩子皮肤会黑；定期要吃鹅蛋，化解胎毒……生完以后，讲究更多。

等她们开始育儿之路的时候，最喜欢的就是用"老人说"或者"以前都是这样"来指导自己。如果能够随手列举出更高级的理论指导，比如《黄帝内经》《本草纲目》，就更棒了。

按照五行、风水和几千年的传统，要喝米酒下奶，酿酒的米最好来自北纬 52 度优良产区；气温 40 摄氏度大人可以开空调了，但是孩子一定要远离任何制冷设备，因为会"入风"；疫苗可以打，但是听老人说，打完疫苗孩子不能洗澡……

这些还都是小事，最要命的是这类妈妈一旦觉得孩子不乖，或者没有达到自己理想中的孩子状态，就会自作主张地给孩子塞上一剂港澳台地区特地带回来的"猴枣散""七星茶"之类的"灵丹妙药"，因为别人从小都是这样过来的。

我郑重声明，我反对这一派的所有主张。

泥石流派

这一派应该属于育儿领域的"顺势疗法"，既瞧不上国外辣妈取来的"真经"，又鄙视国学派不与时俱进。她们主张顺应孩子的需求，按需喂养，按需睡眠，不要搞什么睡眠训练，也不给小婴儿安排人生中的诸多程序，更别提让小朋友自主进食。她们还找出了真材实料的科研结果，证明早教对婴儿智力开发的作用微乎其微，而是智力在婴儿一出生就基本定型了。

这一派最常举的例子是心理学家格赛尔的双胞胎爬梯实验。实验中，双胞胎中的一个，在他出生 48 周起，每天做 10 分钟的爬梯训练，连续 6 周。到 52 周时，他能熟练地爬 5 级楼梯。在此期间，双胞胎中的另一个不做训练，而是到他 53 周时才开始练习爬楼梯，结果，两周后他也能爬到楼梯的顶端。由此证明，孩子的成长不需要过早干预，顺应发育的节奏即可。

这类育儿流派是任何打着左右脑开发、潜力发掘等母婴类商家的克星，基本接不到任何团购广告和商业合作，因此传播范围较小。但是粉丝群忠诚度极高，大家都觉得自己是"众人皆醉我独醒"的状态，加上没有精细育儿的种种压力，十分放飞老母亲的身心，因此满意度极高。

所以，对于育儿流派这个事，你见得多了，也就不会脑子里整天各种理论混战了。可以找到适合自己孩子的那种方式，也可以各取所长、兼容并包地用。说不定过段时间，你在育儿领域也能自立门户，开宗立派了呢。

02 怎样让全家人 在育儿方面听我的

如果你在育儿道路上只有爱这一种应对方式，它便会像魔鬼一样地折磨你。

——亨利·菲尔丁·大可

自当妈以后，我经常会感觉到非常无助。虽然我在公司是一个独当一面的职业女性，然而在育儿道路上，我却是一个完全的新手。生娃前在医院上的几节产前课程并没有系统地培训我如何当一个妈妈，怎样照顾一个粉红色皱巴巴的新生宝宝，这些只能靠自己不断实践和摸索。

在和家人遇到育儿分歧的时候，我又不能像在公司说服领导那样，数据、模型一起用。因为不管我如何据理力争，我妈或者我婆婆一句"我吃过的盐比你吃过的饭都多",就把我的合理建议给顶回来了。育儿道路上,有经验的人说话就是硬气啊!怎么办呢?

我用了大概 3 个月时间,终于找回了当妈的自信。秘诀就是,发挥我的优势。我需要的,就是把育儿当成是一个具体项目来做。当我把养娃的一切大小事宜拉回熟悉的战场,我的自信和气场就全回来了:老娘既然能够搞得定职场,当然也能搞定养娃这件事情。

找到熟悉的业务板块,建立经验值和发言权

想想大学毕业刚进公司那会儿,当旁边是有十几年工作经验前辈的时候,你会每 5 分钟就冲过去冲她嚷嚷"你这样不对,现在最流行的方法是 ×××"吗?你根本不会,也完全不敢对吧?如果你真的这样做了,对方肯定拿你当白痴。

在育儿这个领域上,其实也是一样。新手妈妈都是第一次带孩子,因此面对育儿经验丰富的婆婆或者妈妈的时候,如果只一味指责对方这不对、那不对,就算你推荐给她们科学界最新认证的能够造福亿万婴儿的伟大创举,也不一定能被她们接受。如何解决呢?

首先,不要对不熟悉的业务模块横加干涉。

如果你只负责了喂奶,就不要在家里人给孩子洗澡的时候提太多意见。不能一边当甩手掌柜,一边对实际执行的人指指点点。如果在

公司里，行政部的人指责业务部的人工作方法不正确，这不是很可笑的吗？

其次，在擅长的领域，建立自己绝对的权威，拥有发言权。

比如孩子吃多少就够了，不用再喂了；吐奶不是消化不好，而是小婴儿的胃部发育使然——这是我在育儿理论中读到的。然后才能逐步在其他业务模块，比如哄睡、洗澡、多久换一次纸尿裤等方面拥有话语权。前提是，自己已经对这些工作能够独立地操作上手了。

一个新手妈妈要赢得其他队友的认可，肯定是因为她能够在业务上独当一面，而不是她满口理论、纸上谈兵，对吧？

找到育儿同盟军，发挥爸爸的作用

在育儿的道路上，孩子爸爸不是闲置物品，而是我的"育儿同盟军"。

很多人在抱怨自己丧偶式育儿的时候，其实已经对孩子爸爸的参与做出了拒绝的心理姿态。其实大部分爸爸还是希望参加到育儿的过程中去的。

很多家庭都会出现这种情况：孩子爸爸兴致盎然、笨手笨脚地给孩子换衣服，妈妈却扑上去指责："衣服不能这么换！孩子会着凉！放下我来！"妈妈会总是忍不住批评爸爸："这么简单的事情也做不好，和你说了多少次了……"

其实就是在这些小事里，爸爸被人为地驱赶出了育儿的舞台，索性他就玩手机或者打游戏去了。我的建议是，放权给爸爸，热情地欢迎他参与，而不是一味地严格要求。

在养娃这个项目上，大家都是新人，何苦互相为难？

洗澡的时候带着孩子玩会儿水也没什么，做好清理工作就好；穿衣服的顺序错了也没关系，不会因为穿衣服错了几分钟就生病的；纸尿裤第一次没换好，弄到了床上，递给他个隔尿垫，下次就不会了。

如果妈妈们因为照顾宝宝身体上太累，精神上就很容易崩溃，继而陷入悲苦的祥林嫂阶段。请记得，孩子不是妈妈一个人的，爸爸们也需要时间来进入角色，成长本来就是一个试错的过程，给他们点时间，给他们多点机会，你会发现，爸爸们其实也是很能干的。

建立育儿项目的 SOP

在我建立了全家人"育儿领袖"身份以后，我还建立了一套行之有效的 SOP，来指导和规范全家人的育儿操作，以达到我的育儿要求。

举例来说，三个月的孩子哇哇大哭怎么办？

如果没有 SOP，大家可能就会因为责任感和参与感地驱使一哄而上：

SOP： 所谓 SOP，是 Standard Operating Procedure 三个单词中首字母的大写，即标准作业程序，指将某一事件的标准操作步骤和要求以统一的格式描述出来，用于指导和规范日常的工作。SOP 的精髓是将细节进行量化，通俗来讲，SOP 就是对某一程序中的关键控制点进行细化和量化。

"是不是热了？快给孩子脱衣服！"

"我觉得孩子是饿了，快去泡奶！"

"我记得孩子刚才没换纸尿裤，快给孩子看看拉了没有哇！"

——场面一度混乱失控。

建立了哭闹 SOP 后：

孩子哭闹的首席安抚负责人是妈妈，其他人仍然可以做自己的事情。

妈妈首先检查孩子的纸尿裤，发现没有拉尿——排除一个因素。

然后尝试喂奶，孩子拒绝——不是饿了。

然后回顾一下孩子上一次睡眠，发现孩子已经有两个半小时没睡觉了，极有可能是睡前烦躁。于是给孩子塞一个安抚奶嘴，孩子欣然接受，在小床上吧唧吧唧吸着奶嘴表示非常满意。

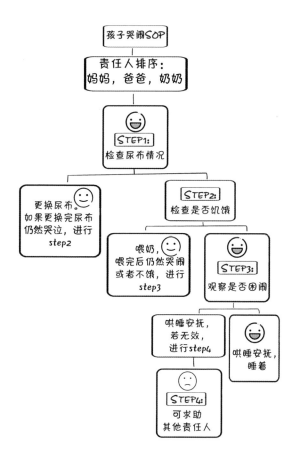

孩子哭闹SOP

责任人排序：
妈妈，爸爸，奶奶

STEP1:
检查尿布情况

更换尿布。
如果更换完尿布
仍然哭泣，进行
step2

STEP2:
检查是否饥饿

喂奶，
喂完后仍然哭闹
或者不饿，进行
step3

STEP3:
观察是否困闹

哄睡安抚，
若无效，
进行step4

哄睡安抚，
睡着

STEP4:
可求助
其他责任人

　　这个时候邀请大家来观摩一下处理结果，5 分钟内有条不紊地搞定

一切。

03 哪些工具
让我带娃高效省力

带孩子期间，一切为了省力高效的东西都值得购买，用好了事半功倍，节约下来的体力和精力能让我们心情更愉悦地带孩子，这是个正向循环。因此，我自己总结了一下，把可能用得着的带娃工具分成了三类，供大家参考。

第一类：经典必备工具

这个类别说的就是奶瓶、纸尿裤、婴儿车一类的产品。这一类的产品在育儿方面的用途已经深入人心，无须赘言了。

尤其是纸尿裤，释放了无限劳动力，再也不用花时间去洗尿布、晾尿布，满屋子臭烘烘地叠尿布了。再坚定的纯天然尿布爱好者，实

际对比使用一段时间以后，也会成为纸尿裤的铁杆拥护者。娃弄干净以后舒舒服服地躺一会儿与皱着眉头闭着气在一片黄金汤里捞尿布相比，正常人都选前者啊！

第二类：莫以使用时间长短论英雄

在这一类型中，最典型的产品莫过于婴儿提篮，使用周期最长只有9个月，价格还不菲。往往你想买的时候就有人会竭力阻止："别买这个，用不了几天，浪费钱。"但是我想说的是，只要是当下能够帮到你的，就是有用的。即使只能用很短的一段时间，但是这段时间对爸爸妈妈来说，也是有意义的。

孩子固然可爱，可是家长也非常辛苦，每天要面对无限循环的琐碎工作：喂奶、哄睡、换尿布……长此以往，爸爸妈妈面临的是体力和精力的双重消耗。这也是为啥有些新手爸妈经常会因为一点琐事就暴跳如雷的原因——这可能是压垮他们的最后一根稻草。

这时候，如果有个工具，能够让新手爸妈们不那么辛苦，那么这个工具就实现了自身的价值：

比如尿布台，可以减少弯腰次数，降低打扫卫生的频率；

尿布台

哺乳枕

安抚奶嘴

电动吸奶器

婴儿辅食罐头

比如哺乳枕，可以让妈妈喂奶更省力，还能一边喂奶一边刷刷手机，看看娱乐八卦；

比如安抚奶嘴，能瞬间把爸妈从孩子哇哇大哭的魔音绕耳中解救出来，更加平心静气地专注解决问题，而不是宣泄情绪；

比如电动吸奶器，解放双手，节约时间，可以让妈妈多休息一会儿；

比如婴儿辅食罐头，饿了就开一罐，吃完给孩子擦擦嘴，洗个勺子就行了，不用收拾厨房，10分钟搞定……

对于这部分工具，不仅需要家长们主动去发掘产品，也需要多尝试，不要只用一次就轻易否定。比如我们家是一个半月引入安抚奶嘴的，但第二次给史包包用，她就不肯要了。我当时也想过放弃，但是好在孩子爸爸有种理工男的辩证思维方式，他说孩子可能只是不喜欢这个奶嘴，我们应该给她提供多一些选择。结果换了全硅胶的奶嘴以后，史包包就欣然接受了！睡前烦躁咬一会儿，出门遛弯咬一会儿，真是旅行居家必备，一直用到1岁多。

第三类：拿不准的东西可以先尝试一下二手货

市面上的各种带娃工具，也存在"甲之蜜糖，乙之砒霜"的情况。

比如硅胶吸奶器，我用着感觉很好，但是我朋友觉得这是个鸡肋。比如婴儿床，我们家一直在用，但是有些小朋友就是得挨着妈妈睡，床买回来就一直处于闲置状态。类似的产品还有围栏、爬行垫、餐椅、早教机等，喜欢的人把它们夸上天，不喜欢的人觉得是坑钱。

对于这一类的产品，我的建议就是：实践是检验真理的唯一标准。每个人的情况不一样，你得试过才知道。拿不准的东西，可以先搞一个二手的试试，万一它能帮上大忙，你就能长期受益。

所以，一定要盯紧身边比你早生孩子的朋友们，尤其是比你们家孩子大半岁左右的家庭，你们的购买节奏刚好能错开，到时候你去要点二手货回来，对方还会感谢你拯救了他们所剩无几的空间。

作为新手爸妈你会发现，等你真的迎来了一个又香又软的小婴儿时，怎么照顾好宝宝，恐怕要比你之前预想的难上一万倍。这时候，之前准备的种种带娃工具就派上用场了。省下的时间和力气，统统都留给宝贵的睡眠吧。成为父母以后，整块儿睡眠就成了奢侈品了，真的。

04 不会做辅食，
如何快速喂饱一个娃

很多宝妈都曾经被"宝宝辅食有必要都动手做吗？是不是自己做的就一定好呢？"这些问题困扰过，我想讲讲我自己的经历。

我也曾经身不由己地被卷入朋友圈的"妈妈辅食制作大赛"，幸好我及时退赛保平安，但是我至今还记得被婴儿辅食支配的恐惧。随后，我从中总结出了一套方法论，从此走上了轻装上阵的育儿道路。

打退堂鼓的妈妈不止我一个，比起手残，最难的是让妈妈迈过心理关。

当妈后我发现，比试的战场无处不在，有妈的地方就有江湖。无论是母乳喂养，还是宝宝的睡眠，妈妈们都在暗暗较劲。但是，真正让竞争进入白热化阶段的，就要数亲手制作婴儿辅食了。朋友圈各种巧手的妈妈们发的精美辅食照片，优美的摆盘、精致的拍摄角度……无时无刻不在提醒我，朋友，你得努努力啊！

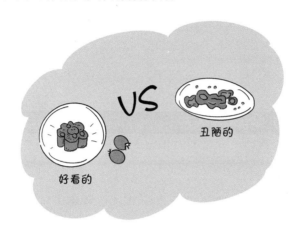

我也不是没有努力过，但是苦苦挣扎了 1 个月以后，我无奈地得出了一个结论：在婴儿辅食方面，我努力的终点，是别人的起点。挫败感说来就来：我不是一个好妈妈，我对不起孩子，连辅食都做不好，我还能干点啥……

所以，我折腾了 1 个月以后就放弃了，不仅把家里的辅食机、搅拌棒统统送人了，还找到了更好的替代方案。但是，对于更多的妈妈来说，她们不肯放弃，苦苦煎熬，主要是心里迈不过一道坎：别人都做，我不做，我是不是不够爱孩子？

这种误区，或者说这种"忏悔式育儿方法"，不仅是在婴儿辅食这个战场上，而是贯穿了我们整个育儿生涯。在一件小事上遭遇挫折以后，妈妈们很容易就会陷入沮丧，从根本上否定自己的一切努力。

听我一句劝：辅食做得好不好，它就是个技术问题。技术性问题从技术上解决，不要强行升华到"对孩子的爱"上面去。当妈本来就不容易，何苦自己难为自己。

自制婴儿辅食：投入产出比低，安全性无法得到保障

我在给孩子做辅食这件事中得不到成就感，还有另外两个原因。

首先，作为一个追求效率的女性，我始终认为做辅食这件事，投入产出比太低。即使我做出了特别棒的东西，能够勉强达到发朋友圈的标准，但是收获别人评论点赞的喜悦，和我投入的时间精力相比，根本就不值得一提。

每次为了做一点点辅食，可能还不到拳头大，要洗四五种食材，要经过各种处理：去皮、切块、蒸、研磨、搅拌……结果，孩子还不一定爱吃。

剩下的怎么办？用我朋友王小胖妈妈的话来说，就是"我知道这些东西营养都是很好很好的，但是你要是给我吃，我是拒绝的！"剩下的辅食，真的是"食之无味，弃之可惜"，非常糟心。

最关键的是，光是喂孩子吃饭就已经需要绞尽脑汁、斗智斗勇了，

弄完以后还得去收拾厨房的满地狼藉。万一你家宝宝吃得手舞足蹈，弄得满身满脸都是，你还得多洗一个孩子，以及孩子的衣服。

做一次辅食，前后花费至少 2 小时，孩子吃不到 5 分钟，真的有必要吗？

其次，自己做辅食的安全性也让我顾虑重重。我每次看到朋友圈有人说"姐姐亲手做的甜点，卫生，比工厂出品的更有保障"，心里全是吐槽的弹幕：

"你们厨房每平方米的菌群数量是多少？每天消毒吗？"

"姐姐有体检报告吗？有食品行业营业执照吗？有从业资质吗？"

"产品经过质量检测了吗？菌群数量合格吗？保质期多久？有定期质量抽查报告吗？"

"做甜点的时候穿的是干净的工作服吗？是包住头发的那种吗？"

这种疑问同样也存在于婴儿辅食的制作过程中。我刚开始尝试制作的时候，就吐槽过每次只做一点点、收拾打扫 2 小时的事。当时就有妈妈说，你可以一次多做点，冻在冰箱里，吃一个拿一个——想法是好的，可是不安全。

冷冻不是"高枕无忧"的储藏手段，有大把的细菌能够在冷冻的环境下生存、繁殖。我能说出来的就有耶尔森菌、李斯特氏菌、结核杆菌、伤寒杆菌，等等。低温环境只能够抑制部分有害菌的繁殖速度，但是并不能起到杀菌的作用。而且，冰箱是个封闭环境，如果其他食物中有病菌，也会扩散到婴儿辅食上面。

所以，做一次吃一次虽然麻烦，但是是相对安全的做法。一次做很多，保存时间越长，风险越高。在食品安全方面，工业化生产、食品质量安全体系保障、无菌的生产环境，都是全面碾压家庭作坊的存在。

我的解决方案：自制水果条 + 辅食罐头

后来，我找到了一个非常棒的解决方法：新鲜的水果蔬菜切成手指条，给孩子自己抓着磨牙玩儿；主食就吃辅食罐头，营养搭配合理，高效省力。这样做以后，生活真的方便多了。

首先，婴儿辅食罐头品种很多，先每样选一个，给孩子试试味道，不喜欢吃的口味就不买了，有效杜绝食物浪费。史包包最喜欢的是番茄牛肉还有三文鱼口味的。我觉得最可怕的应该是菠菜猪肝泥，除了她，全家人没有一个人能吃完 3 勺的分量。小孩子也挺不容易的。

其次，辅食罐头分量不大，开始的时候孩子每顿吃三分之一或者一半，每天一瓶就够了。打开以后密封放在冰箱保存，24 小时内吃不完就扔掉。因为本身分量就很小，浪费一点点也没有心理负担。

孩子吃辅食罐头5分钟，打扫5分钟，10分钟搞定一顿饭，能省下大把时间。

　　最后，出门真的太方便了。以前出门要带一大堆瓶瓶罐罐，分门别类地装满各种东西，孩子还不一定吃几口，最后原样再带回来。现在出门只需要一个罐头、一个勺子就搞定了，轻装上阵。自从用了这个方案以后，看史包包吃辅食成了我们全家人喜闻乐见的事情。我们经常围观史包包，看着她吧唧吧唧吃得挺香，一边感慨"当孩子真不容易啊，哎呀这个猪肝泥，啧啧啧"，一边吃自己色香味俱全的成年人饭菜，对比之下，幸福感爆棚。饭后收拾也是顺手的事，给史包包卸下围兜，擦擦脸和手，基本就搞定了。

　　所以，我想用我自己的亲身经历给大家说一句：我们爱孩子，但是也得爱自己。做个好妈妈，并不意味着你就得事事亲力亲为，把自己折腾得筋疲力尽。如果你在婴儿辅食上很有一套，你就做；如果你和我一样，比较手残，现在生活这么便利，咱们也有各种解决方案。

　　在育儿的过程中，我们会遇到各种挑战，比辅食更重要的事多了去了。如果每一件事都这么纠结，那么当妈妈真的是一件非常辛苦的事。但是如果你想得开，找到替代方案，知难而退，把体力和精力留给更重要的挑战，不得不说也是一种智慧。

01 现在养娃真的好贵，必要花销真不少

即使像我这样勤俭节约，自认为把钱都花到了刀刃上的妈妈，也会觉得：现在养孩子可真贵啊！

先看必须支出项目钱，大概有以下几个大方面。

疫苗费

作为一个始终相信预防医学的妈妈，我们把市面上所有的二类苗都打了，包括五联、肺炎、流感等。

当时 13 价肺炎疫苗中国内地还没有上市，所以我们是不远万里去澳门打的（其实也就是坐个轻轨而已）。13 价肺炎疫苗一针大概是 850 块，加上两个大人的广州—珠海轻轨 300 块钱，每针的费用是 1150 块。

我们去澳门打了三针，共计 3450 元。

五联疫苗是在广州各个区"流窜"着打的。因为当时到处都缺苗，每到史包包快打五联的日子，我就把广州市疾病预防控制中心的网站打开，挨个接种点问人家有没有疫苗、能不能打，好不容易才把针给打全了。

13 价肺炎疫苗总计花了 3500 元左右，五联大概花了 3000 元出头，还有其他大小疫苗。史包包小朋友的疫苗费大概花了 8000 多元。

纸尿裤费用

史包包小朋友从出生开始使用纸尿裤，一直到 1 岁半左右开始尝试戒掉，大概 2 岁出头的时候已经可以完全脱离纸尿裤了。我们什么牌子都用过一些：有的是自己买的，有的是朋友送的。

在所有的婴儿用品中，纸尿裤是一个大宗快速消耗品。新生儿每天大概要换十几个，3 个月以后每天也要换掉七八个纸尿裤，一个月用掉 250 到 300 个简直是小菜一碟。不过纸尿裤在易耗品中绝对属于良心货：它不是越用越小，而是越用越大、越用越沉，还内含宝藏等待你去开启……

买纸尿裤其实不用买特别贵的，只要通过国家安全检测认证，都是可以放心使用的。当然贵的自然有它贵的道理，比如手感更好、透气性更强等。但是大部分宝宝的红屁股都是因为纸尿裤更换不及时造成的。我感觉市面上的大部分纸尿裤，其实都等不到它们广告里宣传的"护臀因子"起作用，就已经被抛弃了。尤其是那些带了尿显指示的，但凡颜色一变，马上就被换掉了。我们最夸张的时候 10 分钟换了 3 次，气得我把纸尿裤扣了一个在史包包的头上——当然是干净的。她戴着还挺开心的。

我们后来每次趁着搞活动就囤积一堆，即使是国际大牌，也有 1 块钱一片的产品。史包包的小表妹用的是 3 块钱一片的，真是太奢侈啦，每天光是纸尿裤就要花掉 30 块钱！一个月 900 块，一年下来就是 1 万多块啊！后来，小表妹的妈妈直接在本地代理了一个纸尿裤品牌，他们就能以成本价买纸尿裤了，也算是"曲线救国"。

我老公给史包包换纸尿裤的次数多，想法也多。有一次她腰上长了痱子，爸爸特地动手帮她DIY改造了一下纸尿裤——在最容易憋汗的腰那里剪出了个洞，加强透气性。我就提心吊胆的，很怕从洞里漏出什么东西来……

最后给一个很实用的提示：吃红色火龙果的小朋友，纸尿裤颜色是粉红色的，不要担心。

奶粉和辅食罐头

6个月开始添加辅食的时候，史包包儿保检测出贫血，加上我要上班了，之前存的冻奶数量岌岌可危，因此引入奶粉和含铁量高的辅食就成了当务之急。

奶粉好选，就是贵点儿，大概每3周两罐的样子。辅食做起来就很麻烦了，做辅食2小时，孩子吃5分钟，收拾半小时是常态。最后我们为了省时省事，买了罐头装的婴儿辅食泥和婴儿米粉。婴儿辅食罐头快捷方便，随吃随开，吃不完放冰箱，也不会浪费很多。米粉是吃就冲一点，随身带着也不费劲。

说到这里，真的是要吐槽一下婴儿辅食的价格了：一盒71克的西梅果泥33块，一袋90克的香蕉苹果泥18块，一罐71克的混合肉泥要 16 块钱……真是要被吃穷的节奏。每周 7～9 个辅食罐头，大概吃了 8 个多月。每袋米粉 200 克，能吃十来天。

后来，史包包牙齿长出超过 8 颗以后，我们就停止了水果泥的供给，把水果切成手指条叫她自己抓着啃。每天她 4 顿饭大概消耗 1.5 个肉泥罐头，这个预算还是比较充裕的。

玩具和书

这部分的支出，严格来说，有一些并不是史包包小朋友真实的需求，而是爸爸妈妈为了给自己圆梦，趁机购入了大批物资。所以，前三项都是必需品，这一项是可以丰俭由人的。

我们家买的玩具，比如爸爸买的蹦床、棉花糖机，妈妈买的各种折叠书、科普绘本等，很多都是我们自己想玩、想看的。所以这部分我们没算过花了多少钱，都是姥姥在拼命喊："不能再买了！家里放不下了！"

而史包包最爱什么玩具呢？恐龙。真的非常有意思，我周围认识的 2 岁以内的小孩，无论男女都疯狂痴迷恐龙。以前划分代际不是会有什么"千禧一代""Z 世代""00 后"吗？我觉得 2015 年以后出生的小孩可以被叫作"恐龙一代"：他们在婴幼儿时期都疯狂地迷恋大恐龙。

02 用好二手货，能省很多钱

我们家宝宝有个比她大半岁的表姐，所以我生娃之前，得到了全方位的空投物资支援。姐姐用不完的，买多的，朋友送的没用过的，只穿过几次的婴儿衣服、婴儿用品，统统都归我了。我感觉我至少省了一两万吧……后来宝宝长得很快，比姐姐还高了，我们就捡不着姐姐的漂亮衣服了，唉，姐姐的衣品很好的。

后来我身边的朋友生孩子，我也把家里一些用不到而且功能完好的婴儿用品转送给了他们，他们很开心。事实上我也很开心，家里又少了一点儿库存，我心仪的按摩椅还差一点儿空间就能搬回来了！所以，二手产品流通起来，也是能创造积极价值的。

那么，哪些二手婴儿物品值得使用，哪些不行呢？

二手比一手还好用的产品

婴儿床、爬爬垫、婴儿围栏、婴儿背带等物品，其实二手的比新的还好用。

婴儿车、爬爬垫和婴儿围栏这三样，主要是出于放味儿的考虑。一般来说，通过安全检测的母婴产品，都是合格的，用全新的也没问题。但是，我们都知道，类似甲醛这种有害气体，是逐渐缓慢释放的。所以，二手货就是比安全"更安全"的一个选择了。

已经用了一年的婴儿床，有害气体残留的肯定更少。爬爬垫和婴儿围栏也是一样的，毕竟是孩子每天都要在上面睡觉、休息和玩耍的地方。只要功能没问题，用二手的其实比一手的更健康。

旧的婴儿背带，经过若干次水洗，会更柔软舒适一些，对宝宝的皮肤更友好。我们家的婴儿背带就已经流通到了下一个朋友那里，继续发挥余热了。

使用周期短，二手性价比高的物品

我感觉带孩子期间，一切能够省力高效的东西都值得购买，节约下来的体力和精力能让妈妈们心情更好。但是有些专用的东西，使用时间确实很短，买一手的就不太划算，比如尿布台、婴儿提篮、热奶器等。这时候，二手货能立大功。

尿布台绝对是谁用谁知道的好产品，不用弯腰换尿布，不用担心有意外情况弄脏床，还可以作为婴儿用品的小推车，移动作业。

婴儿提篮是初生宝宝坐车的法宝，舒适又安全。虽然说明书上说可以使用15个月左右，但事实上他们能自己坐起来以后，你就需要换一个安全座椅了，宝宝们也喜欢用全新视角去看这个世界。

热奶器就是一个小的加热器，功率不大，容量很小。我用的就是我姐的，洗洗刷刷就行了。目前退役中，还没找到下家。

一点
提示

性价比超高的二手货不完全清单：

a. 家具类：尿布台、婴儿提篮、餐椅、摇摇椅；

b. 电器类：热奶器、奶瓶消毒器、辅食机、料理棒、胎心仪；

c. 其他：妈咪包。

有些二手物品要看父母的接受程度

我们接收的二手婴儿衣服，都是表姐的。大部分衣服都是只穿过几次就小了，洗干净以后叠得整整齐齐邮寄过来的。我们收到以后，全部又重新挑选、消毒、清洗以后，才开始给宝宝穿。我们对二手婴儿衣服的选择标准是：衣服完整，没有线头、开线的部分；没有明显污渍；没有危险的小零件，比如装饰品、帽绳之类。

一点提示

二手绘本的挑选原则：

a. 硬质纸板的绘本优先，因为清洁方便；

b. 内页不要有缺失，书籍整体没有散架，不会划伤宝宝；

c. 没有食物残留的痕迹和各种污渍。

二手玩具的挑选原则：

a. 避免结构太复杂、不好清洗的玩具；

b. 结构完整、表面整齐的优先考虑（木质积木、大块拼图之类的）；

c. 最好不要有小零件，避免孩子往嘴里放；

d. 毛绒玩具尽量不要选。

绘本和玩具这部分，也是一样的道理。婴儿喜欢什么都往嘴里送，遥控器啊、拖鞋啊、玩具啊、绘本啊，可能都逃不过他们湿答答的口水。所以我们接收了一些姐姐的布书，还有一些积木、小推车啥的，因为布书可以清洗，积木、小推车之类的可以用酒精擦拭，安全可控。但是毛绒玩具我们就没有要了。

这部分的衣服、绘本、玩具是否要接受二手物品，主要看父母的生活习惯和预算。如果觉得没办法接受，那就直接买新的，没有啥讨论的价值。但是如果觉得是靠谱儿亲朋好友提供的安全二手货，信得过，做好清洁以后放心使用也没问题。

不建议使用的二手婴儿用品

下面这个清单，建议大家一定不要使用二手的。包括但是不限于：

入口的：奶瓶、奶嘴、水杯、咬咬胶、勺子、餐盘等；

贴身类：内裤、鞋子、袜子、袜套等；

吃的：维生素补充剂、益生菌、奶粉、米糊、婴儿辅食罐头等；

用的：已经开封的护肤品、屁屁膏、洗发水、沐浴露等。

凡是入口的东西，都需谨慎才行。有些病毒是没有办法通过煮沸消毒的方式完全消灭的，更别提万一还有些地方擦洗不到，残留了食物残渣啥的，就更麻烦了。因此，凡是入口的东西，都不要给孩子用二手的。

贴身的衣物，比如小内裤这种用于私处的，一定不要用二手的。

之前万一有粪便、尿液残留，可能给宝宝带来伤害。另外，鞋子和袜子也不要用二手的。脚上出汗多，细菌容易残留。二手鞋子最大的问题是，前主人用过以后鞋底会有不同形式的磨损，就不再适合新宝宝的脚型了。

吃的各种维生素D滴剂啊、益生菌啊、奶粉啊、米糊啊，不要选择二手的，需要的话直接从店里买。这个主要是担心两件事：一个是安全来源，一个是保质期。

我在我们群里经常看到有些妈妈说："亲戚从澳洲带回来的奶粉，自己吃不完，转。"这种我就从来不敢搭腔，因为你怎么知道这些是真的吃不完，还是产地可疑，真假难辨呢？一切入口的东西，都要提高警惕比较好。当然，也确实有很多人前期囤货很多，最后用不完。那又要担心另一个问题：是不是快要到保质期啦？

已经开封的护肤品、屁屁膏、洗发水和沐浴露，也是出于同样的考虑。保质期、安全性都没有办法得到保障，还是不要冒险为好。

以上，就是一份比较清晰的"值得给孩子用的二手产品"清单了。

03 避免陷入消费主义陷阱，做好财务分配

你们曾经为大笔的育儿花销恐慌过吗？

我有过，尤其是待产期间和孩子半岁以前，特别慌。

生娃之前，加入了待产妈妈群后，我忽然陷入了巨大的忧虑中：我当时怀孕 6 个多月了还在上班，同期的很多妈妈已经辞职在家，安心待产了。我们家的婴儿车还没买，很多人已经从国外代购了上千块的婴儿车。人家聊的各种婴儿用品的牌子啊，新生儿多大开始游泳啊，黑白卡训练啊，6 个月参加早教啊，我都插不上话——当时，光是工作和怀孕这两件事就已经耗尽我大部分精力了。

生娃以后我们是纯母乳喂养，每个月最大的开支就是纸尿裤。我们买了便宜的和贵的交替用：白天用 1 块钱左右一片的，一有情况就

换；晚上用贵一点的，可以 2~3 个小时换一次。

产假 6 个月，我没有去月子中心，也没有请月嫂，主要是婆婆帮我带娃。她还出门旅行了 1 个月，我就自己带娃。每天早上，我老公做好早饭和午饭，我醒了就一边带娃一边加热一下吃。当时我们住的是楼梯楼，每天用背带背着孩子下楼转一圈，晒晒太阳，心情好了还能去菜市场买个菜做晚饭。

而我们妈妈群里比较上进的妈妈，产假还没结束，就已经开始带着孩子上早教了。我看她发的视频，孩子其实配合程度不高，主要是家长在老师的指挥下忙上忙下……

我被群里妈妈刺激得最深的一次，就是她们说要买"毛毛虫"（注：是一种小朋友穿的鞋）给孩子穿，然后大家就热烈地讨论起来，毛毛虫有哪里好哪里不好，什么时候值得购买。当时我既不知道什么是毛毛虫，也没有给史包包买双鞋的意识：当时她连个内裤都没有，每天穿纸尿裤呢！事实上史包包大概 9 个月开始学走路时，才有了第一双鞋，广州也不冷，平时都是光着脚丫子晃荡。

后来我还创造了两个词："育儿贫穷""望子成龙税"。

这两个词是不是特别形象？典型的"生娃之前生活小康，生娃以后每天一杯奶茶都是奢望"的人群就是陷入了"育儿贫穷"。兴趣班、运动课，统统都被我归纳为"望子成龙税"。两者的关系：缴纳的"望子成龙税"越多，"育儿贫穷"程度越高，两者成正相关。

为什么会这样呢？因为逃得开"智商税"，逃不开消费主义陷阱。

随着自己心态的不断变化，我开始接受了育儿是可以丰俭由人的理念，其实找到合适自己家的方式就好。在育儿支出这部分，我也越来越理性了。有了孩子以后，确实应该更合理地分配花销。为了避免持续陷入缺钱的恐慌，我的个人建议如下。

一、孩子的消费是新增支出重点，但不应该成为家庭的唯一重点。

对于上有老下有小的中年人来说，养育孩子确实是开销不小，但是这部分需要理智并且谨慎地控制预算。就像买保险的时候应该优先保障成年人一样，成年人才是家庭的顶梁柱。而老人年纪大了，面临病痛困扰，这部分预算也不可少。

二、参考一下这份理财师给出的家庭支出的黄金比例。

1. 日常开支——30%：饮食、房租房贷、交通等。

2. 投资——30%：储蓄、基金、股票等。

3. 奢侈消费——10%：娱乐、旅游、朋友聚会等。

4. 子女教育、个人充电——15%。

5. 家庭备用金——15%：预留的计划外支出，以备不时之需。

有了孩子的家庭，可以把奢侈消费的10%全部转移到养育孩子这

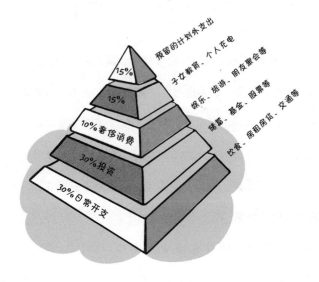

预留的计划外支出

子女教育、个人充电

娱乐、旅游、朋友聚会等

储蓄、基金、股票等

饮食、房租房贷、交通等

部分来。

三、通过消费，合理释放压力。

有时候我和朋友讲完这几步，仍然不能让她们心态平和，总是以"万一我家孩子没上这个兴趣班，以后和别的小朋友没有共同话题怎么办"提出反问。

说真的，如果花钱能让你缓解一部分焦虑，那就动用一下备用金，带着孩子去刷卡上课呗。买一个2万元的课包，至少能管半年不焦虑吧……

最后，我们到现在也没买毛毛虫，虽然最近经常看到它打折搞活动……

04 如何找到免费的亲子早教活动

　　给孩子的各种花销里，早教、亲子活动绝对会占据大头。一节早教课大概要 80~300 元不等，一次亲子活动至少也要 100 元左右，一二线城市就更贵了。但是，如果你会找，能用好身边免费的亲子活动，几年下来至少能省几万块。

　　比如我们家的早教课，都是去广州市图书馆上的，质量比外面两三百的课程毫不逊色，每周去两次，陆陆续续上了一年多。除此之外，我们还去参观过汽车生产线，体验过小小牙医，听过音乐会，等等，丰富多彩而且全免费，还有礼物送。

　　所以，这一节主要是跟大家说一说，如何找到身边免费的亲子和早教活动，省下一大笔钱。

147

早教类活动

图书馆、博物馆这些场所不仅是参观、借书的地方，也承担了丰富市民文化生活的功能，对小朋友也很友好。很多省市的图书馆、博物馆都会推出不少丰富多彩的活动，有讲故事的，有科学探索的，有提升动手能力的……总而言之，一切市面上的亲子活动，在这里都能见到，不仅免费，而且质量特别好。比如广州市图书馆每周都开放游戏室，开展亲子课、读绘本活动，特别抢手。

另外就是驻华商会、大使馆等也会定期举行亲子活动。这属于国家层面的文化宣传，所以质量都是精益求精，也是孩子了解外国文化的好机会。比如德国驻广州总领事馆就常年有放电影、啤酒节、圣诞节做饼干之类的活动。

文化书店的活动也很多，像读绘本啦，小读者见面会啦，非常值得期待。

像我们在广州，经常关注的包括以下几个地点：广州市图书馆亲

子活动（针对不同年龄，每周都有很多）、南越王宫博物馆的手工坊活动（每周都有不同主题）、广东省博物馆的亲子活动，等等。

所以，大家一定要去格外关注自己所在地区的这些科教文卫方面的资源，肯定可以找到足够多的亲子活动。

参观类活动

俗话说，百闻不如一见，参观类活动也是非常受家长欢迎的亲子活动。当亲眼见到了电视上、书里才有的场景，别说孩子了，大人都会流连忘返。

在这一类的活动中，大家可以关注以下几个方面：消防局、主题博物馆、特色展览、企业生产线参观。

消防局

很多妈妈会疑惑，关注消防局干吗？消防局可以免费预约参观啊！

3~6岁的孩子，对消防车、消防员简直有谜一般的爱恋。我女儿的第一个偶像就是《小猪佩奇》里的兔小姐，因为兔小姐会开消防车。

我们还买了两辆消防车玩具给她。想象一下，要是把孩子带去看真的消防车，他们得有多开心？这里不仅有消防员叔叔讲解防火知识，小朋友们还能和消防车合影。全国大概有 700 多个消防局都提供微信公众号预约参观服务，赶紧看看你们家附近有没有吧！

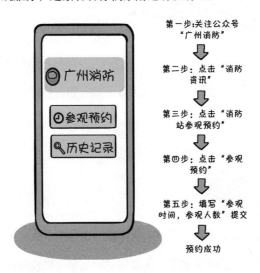

第一步：关注公众号
"广州消防"

第二步：点击"消防资讯"

第三步：点击"消防站参观预约"

第四步：点击"参观预约"

第五步：填写"参观时间，参观人数"提交

预约成功

以广州市消防局为例，你需要查找到"广州消防"微信公众号，然后提前 2 天去微信页面上提供身份信息预约，选一家离自己最近的就好了。参观时还会有专人讲解，可以亲身体验消防员的训练和生活环境，观看消防员抢险救援技能展示等，还会有一些小环节，教大家实用的消防安全常识，以及掌握必备的逃生自救知识。

博物馆

国内的主题博物馆丰富多彩，比如青岛啤酒博物馆、北京汽车博物馆、各类电影博物馆，等等。有时候还会定期举办特展，比如广东省博物馆的"伦勃朗油画展""古埃及文化展"之类的，非常值得观看。

我这里用汽车博物馆举例。北京和上海都有比较大型的汽车博物馆，展出很多老爷车、纪念车型，以及汽车的前世今生发展史。

上海汽车博物馆里还有很多"世界第一"的展品，比如世界上第一辆汽车，第一条汽车流水线下来的福特 T 型车，第一辆用标准化零件制造的凯迪拉克汽车，等等。

国外的汽车博物馆也非常精彩。德国慕尼黑的宝马博物馆和斯图加特的梅赛德斯–奔驰博物馆都是德国旅行必去的景点，还有中文讲解器服务。宝马博物馆对面就是一个现代展厅，展示有最新款的宝马摩托、汽车和自行车，有吃有喝有玩，并且进行现场销售——里面的纪念品基本都是中国制造。

工厂生产线

很多企业为了更好地进行品牌宣传，都提供参观生产线的服务。这种活动质量有保证，而且全程不会有推销。

以上海大众为例，参观流程大概1.5个小时，坐观光小车戴护目镜，一边听讲解一边穿越生产车间，可以看到钢板冲压成型、车身激光焊接，大人孩子都超级激动。这里列举几个资源给大家：

1. 益力多（广州益力多官方网站），不限年龄，提供"科普课堂→多多剧场→生产探秘→难忘一刻"的大约1小时的参观服务。

2. 明治雪糕[明治雪糕（广州）有限公司]，提供参观讲解，可以走进参观通道观看雪糕自动化生产线，最重要的是还有免费雪糕吃！

3. 东风日产生产线参观（企业参观），提供1小时左右的导引、讲解服务，参观几个主要的生产车间。

4. 上海大众汽车的宁波、长沙、仪征、南京等工厂都提供生产线参观。直接在官网预约就好。

还有金龙鱼、燕塘牛奶、珠江啤酒厂等，都可以去免费参观。这些专门为消费者开辟的工厂参观线路，流程安全可控，既满足了大家带娃的需求，又能够长知识，有些还有小福利。

民俗活动

每逢传统佳节，每个地方都有自己的特色民俗活动，比如北方的庙会、灯会，南方的花市、花展，正月十五的舞龙舞狮，端午节的赛龙舟，中秋节的猜灯谜，等等，这些其实都是很好的亲子活动机会。大家注意出行安全，看好孩子，就可以出门了。

本地特色活动

仍然是以广州为例，这里有很多大型主题批发市场，比如童装批发市场、皮具批发市场、酒店用品批发市场，等等。广州有全国乃至全亚洲最大的一个批发市场，主营业务分为海陆空宠物、各式园林艺术品和花卉等三个主要方向。

史包包对艺术品没有什么鉴赏能力，但是看到各种奇花异草、各种小动物可感兴趣了。虽然她现在还不会用丰富多彩的语言去形容第一次看到这些东西的兴奋感和冲击力，但是只要她说"下次还来"，我就知道这是一次成功的亲子之旅了。

花　　　　鸟

鱼　　　　虫

去花鸟鱼虫大世界的时候，家长们可以提前做一些功课，比如了解一下植物的名称之类的。如果没空也没关系，很多 App 提供拍照认识动物和植物的功能，找一个就行了。

但是，请一定要做好小朋友的工作，不要因一时冲动就购买宠物。抚养宠物是一件非常慎重的事情，需要小朋友和家长都有时间照顾才行。

以上这些，都是我找到的免费城市亲子活动。希望能够给大家带来一点启发，找到身边的免费活动资源。免费亲子游，快乐不打折。

05 要不要给孩子换到更好的学区上学

教育支出是育儿过程中的重头戏。在要不要花钱让孩子进入更好的学区这件事，一直有很多争议。到底怎样才是对孩子最好的做法，尚无定论。我来说说我自己的意见和做法，供大家参考。

我自己的情况是，坐标广州，孩子1岁多的时候选了一个中等偏上的学区。

投资教育的最大问题在于，收益不确定。而好的学区，给孩子提供了可衡量的优质教育资源，容易量化。

从古到今，在教育方面的宣传，无非是两种：

兜售希望的：书中自有黄金屋，书中自有颜如玉。

贩卖焦虑的：带孩子学××，不要让孩子输在起跑线上！

155

这两种方式，都有不同的受众。有的家长喜欢用远大前程来鼓励孩子，也有的家长会使用"负向激励"的方法，刺激孩子努力。这两种孩子长大以后谁更有成就？不一定。

教育投资不像减肥，只要算好了"能量缺口"，你就是整天躺着不动也能肉眼可见地瘦上几斤。在教育上的投入更像精卫填海，不知道哪一块石头能起到决定性的作用。成百上千的教育学家研究了无数的孩子以后，也只能得出一些普适性的原则：家长的示范作用对孩子的发展有着重要作用；家中藏书多的孩子更愿意阅读；每周运动 3 小时以上的孩子更有进取精神……

但是如果家长逼着教育学家们给出一个精确的公式，确保孩子未来一定能成功，教育学家们也只能无奈地摇头感慨"做不到"。

作为父母，当然都希望孩子未来会更好。而好的学区，可能就是我们能给她的最大助力。拥有优质的学习资源，等于给孩子的未来更多可能性。

古代学子要不远千里跋山涉水地寻找名师，如今的家长们咬紧牙关攒钱进入好的学区，其实都是一个道理。

进了好学校孩子就一定能拥有更好的人生吗？不一定。但是拥有了更优秀的教育资源，能让孩子眼界更开阔；更上进的学习氛围也会激发孩子本身的学习积极性。很多氛围好的小学从 1 年级开始就每天有素质拓展课程，3 年级就带着孩子们组团参加机器人大赛，老师鼓励孩子们自行钻研各种问题，学校里也会经常举办各种丰富多彩的文体活动——精彩程度和专业程度都远超大人们的想象。

凡是本地抢手的名校，无一不是口碑佳、风评好、教学方法经过时间考验的地方，给孩子提供了更多成才的机会。家长们选择这种学区，其实买的就是更优质的教育资源和教学环境。

但是，如果你看中的学区超出了家庭的承受能力，就应该更谨慎地做出选择。

我们所在的学区在广州属于第二梯队的那种，房子既可以满足我们三代人的居住，也可以上学。目前这个还贷压力，刚好比我们的最大承受能力，还差一丢丢。也就是意味着，它让我不会完全躺平，但是也不至于全年无休，刚好处在"勤奋努力"和"过劳"之间的平衡点上，日子过得充实而又有奋斗的激情。

但是我身边的朋友也有反面例子，步子一下迈得太大，结果把双方父母也绑上了还贷的"战车"，日子过得那叫一个苦。

所以，量力而行，才是最优解。养娃是可以丰俭由人的，但是你必须先接受这一点，知道自己的能力范围在哪里，才能做到平心静气地接受这一切。最痛苦的其实不是去不了哪个学区，而是选择了一条超出自己承受能力的道路。

PART 7　重新塑造家庭关系

爸爸妈妈分工合作

宝宝迈出的第一步，有爸爸妈妈见证！

奶奶和姥姥拎着大包
小包来帮忙照顾宝宝

01 生娃以后，
爱情会变亲情吗

我和我老公，是相亲认识的，所以，我们是"相亲相爱"的两个人。

我们两个都是小镇青年，上大学离开家，在他乡奋斗。小镇的特点就是小且人际往来相当复杂。在一起之后才发现，我们很多亲戚和朋友都有各种交集。命运其实从出生前就交织在了一起。

举例来说，我们两个其实是小学一年级同学，还有共同的好朋友，但是我们早就忘记了彼此。我们两个的妈妈是高中同学，他爸和我妈还是前同事，他舅舅和我叔叔是发小，我姑姑姑父从前和他们家是邻居，我们还拥有三个共同的好朋友，等等，举不胜举。但是最诡异的

160

是，在我们相遇之前，我们两个都不知道对方的存在。这么多年的铺垫，终于在我们见面那一刻揭开了谜底：老天爷真是在下一盘很大的棋。

遇到我之前，我老公的前二十多年基本上就是东三省"环游记"：出生在黑龙江，成长在辽宁，上学在黑龙江，工作在吉林，然后继续求学回到黑龙江。

他考上研究生的那个夏天，他爸给了他我的QQ号，奖励了他几千块："去找个女朋友吧！"QQ号是他妈妈在高中同学30年聚会上管我妈妈要来的，然后两家的老人就分头开了"吹风会"，等到他的录取通知书一下来，就立刻行动起来。于是他就千里迢迢地来广州找我玩，后来我们就顺理成章地在一起了。

他7月份毕业，我们10月份结婚，婚后就开始装修房子。从来没这么忙碌的他累得要命，每天和我抱怨："我错了，我真的错了，我从一开始就不应该来广州，如果我不来广州我就不会一毕业就结婚，如果我不是一毕业就结婚我也不用装修房子……"

过了半个月，他的工作量猛增，经常要加班到凌晨，他以光一般的速度更换了说法："我错了，我从一开始就不应该抱怨，如果我不是一毕业就结婚的话，以我目前的工作状态，根本找不到老婆……"

结婚后，我多了一个张妈妈，他多了一个唐妈妈。

两个妈妈没事的时候会互通有无，经常打个电话问候，私下里也

会暗暗较劲儿。

有一次，亲戚们一起吃饭，我提前通报给了唐妈妈：张妈妈要穿貂皮大衣赴宴！唐妈妈马上就皱起了好看的眉毛，她出门比较急，没有带貂皮出门，这可怎么办？于是唐妈妈拨了一圈电话运作了一番，终于在开饭前袅袅娜娜地推开了包间的房门。

一开门唐妈妈就傻眼了，壮哉我大东北，一屋子乌泱乌泱的，全是毛茸茸的。唐妈妈只好不情愿地坐下去，缩起来，成为众多毛团儿中的一个。那顿饭吃完，地上抖落的毛都有一层。

我从小就大大咧咧的，长大了也没啥长进。就连拍婚纱照之前去拔了个火罐儿这种事情也没怎么往心里去，还安慰一头黑线的摄影师："没事没事，那就不拍背影好了。"但是我一旦情绪崩溃的时候，就变成了一个复读机，没完没了地叽叽歪歪。这时候我老公就变成了"救火队长"，扑灭每一丝负面情绪，直到把我哄得安静下来。

我们在每一年开始的时候，都会把这一年的愿望写下来，希望能够通过一整年的努力去实现。可是好几年过去了，还是有几个心愿实现不了：我想养狗，一只小土狗就好；我老公想学网球，可是总在加班。生活中总有这样那样的无奈，是我们用乐观和努力也解决不了的。但是我们有决心，也有信心，明年一定会比今年好。

婚后生活

我老公硕士一毕业，就在双方父母的殷切期盼下，一个月内以迅雷不及掩耳之势完成了结婚、工作入职和新房装修几件大事。我们两个的婚后生活，就是两人相互迁就，彼此照顾。

有一次，他在目睹了我加班回来还坚持刷碗这一感人的情景后，诗兴大发地站在我身边感慨道："生活真美好，老婆是个宝。"

然后又意犹未尽地总结道："一个有点少。"

"啪"的一声响过后，他讪讪地摸着屁股，给打油诗结了个尾："其实也挺好。"

工作了半年多，过劳肥和生活技能匮乏同时找上了门。他一边郁闷从事什么运动减肥比较好，一边苦恼切洋葱的时候老是流眼泪。我贴心地送了他一份礼物，同时解决了两个问题：一个防雾泳镜。我感觉自己真是一个贤妻。

下班不想做饭，一起去吃面。我和老板说："一碗牛肉面，只放葱，不要香菜。"这人学我："一碗牛肉面，只放牛肉，不要面！"面铺老板慈祥地看着我们，像看着两个傻子。

生了孩子以后，带娃真是一件超级辛苦的事情。好在我老公很给力，洗澡、换尿片、陪玩简直是样样精通。

有一次放假，我准备带史包包去游泳，结果发现她的泳帽找不到了。于是找到淘宝卖家说再买一个帽子，对方人很好，让我给6元邮费就补寄一个。可悲剧的是，收到帽子以后我又发现泳衣找不到了……

心情挺不好的，但是孩儿他爸没有埋怨，他积极地（添乱地）给出了解决方案："你和人家说说，咱们再补一次邮费吧……"

笑死了，不能去游泳好像也没有那么伤心了。

真实的生活遍地鸡毛，尤其是有了孩子以后，到处都是糟心事。如果你的另一半恰好是个幽默的人，能给平淡的日子增添不少乐趣，能在发生了糟心事的时候，用笑声代替相互伤害，这才是大家能够在一起开心过日子的根本。

我老公是个幽默的人，好巧，我也是。

我老公有一个梦想：假如老婆年薪百万

我老公一直夸我能居安思危，一直在默默打造职业生涯的B计划。

我想，期待我年薪百万他全职在家，恐怕就是我老公的B计划吧？

在家做饭真的是我老公一直以来的心愿，他一直觉得自己是个被耽误的大厨。他曾经幻想过财务自由以后的人生是：每天学一道新菜，天天换着花样吃，吃完再去健身。

之前有个热门问题：会做饭的男人和会写诗的男人你喜欢哪种？这还用选吗？当然选会做饭的男人啦！诗我自己会写，但是我做的饭，我自己都不想吃……

我虽然高高兴兴地考了一个厨师证，但我主要是冲着吃去的。运用到生活中，我一向是思想上的"王者"，行动上的"废物"。比如有一次我凉拌菠菜想放点儿黑芝麻，结果吃的时候发现我撒的是黑米，因为咬到嘴里嘎嘣脆啊……"四体不勤，五谷不分"说的就是我了。我能在家里吃上称心如意的饭菜，还真是遇到我老公以后。

我老公有个特异功能，就是去吃过很好吃的东西以后，他能照着八九不离十地复刻出来。所以别人去外面餐厅吃东西是消遣，是消费，他是投资，是学习啊！

我们去过一次泰国，回来就经常能在家里吃到芒果糯米饭、泰式炒粉了。去新疆的时候，我们吃了一次当地的连锁火锅张大师鸭爪爪，回来以后发现本地居然没有，他上网钻研了 3 天，周末我们就吃到了！相似度 90% 以上，主要是辣椒放得少，因为我不能吃辣。

至于榴梿千层、蛋挞、芝士蛋糕、椰奶糕、双皮奶这些产品，只要我老公想做，我就能在家吃上。所以我一直特别期待周末——周末才有大把时间做好吃的嘛！

我女儿出生以后，家里的自制甜点又多了棉花糖。她爸爸专门买了一个棉花糖机用来招待小客人，每次制作过程都把小孩们看得一愣一愣的。

吃人家的嘴短，我的朋友圈就是给我老公吹"彩虹屁"的打卡圣地。

有时候会致敬梨花体的《田纳西馅饼》：我老公做的山楂雪梨汤全天下最好喝！

有时候换着花样夸：又会画图又会做面包的圆脸工科硕士有多少个？碰巧我就认识一个，还很熟！

而他自己的朋友圈，只有两类内容：公司的广告宣传和自己做的美食，然后等着别人去夸他厨艺惊人。

我开始写作时，老公非常支持，还经常会热心地指出我的不足之处。我说："请你不要外行指导内行好吗？我有在你做菜的时候让你一下加盐、一下撒酱油吗？"

他回复说："我这是爱之深，责之切啊！我不是希望你早日粉丝破百万，我好专心全职在家研究美食吗？"

所以，"老婆年薪百万的话，你愿意全职在家吗？"这个问题，我想我不用问他就知道答案。

那么，问题来了：我啥时候能粉丝百万啊？一想到我老公交代的任务还遥遥无期，我就惭愧地低下了头，顺便夹了一块儿粉蒸肉：粉蒸肉，今晚我们吃的是粉蒸肉！

育儿涂鸦

彩蛋

我们有时候也有冲突，主要发生在无聊的饭后。

有一次我老公买了一部新手机，心情很好。晚饭后一边哼歌一边刷碗，看他这么开心，我也很开心。

我说："老公，你值得更好的！"

他说："我觉得也是。"

我说："我说的是手机。"

他说："哦，那我说的也是手机。"

168

02 爸爸应该如何参与到带娃中去

这么说吧，除了亲自哺乳喂奶，爸爸啥都可以做。从呵护妈妈的心理健康，到力所能及地参与育儿过程，爸爸参与得越多，未来家庭的氛围就越好。

随着生育政策的不断调整，各地纷纷出台了爸爸陪产假政策，像北京、广东、浙江都是以立法的方式规定了 15 天带薪产假。所以，用好法定假期，新手爸爸们可以做点儿啥呢？

关注妈妈的心理健康

怀孕期间，女性的雌激素和孕激素水平不断上升，分娩时达到峰值。而在分娩以后，雌激素和孕激素又会骤然下降到基础水平。新手

169

妈妈生完娃后会经历像坐过山车一样的荷尔蒙变化，表现在情绪上就是十分容易焦虑、暴躁。

除此之外，生产时的身体劳累、精神损耗，开奶的痛苦，睡眠时间的不足，脱发的烦恼，恢复期子宫的收缩痛，刚成为人母后的紧张，都会让妈妈们产生不舒服的感觉，甚至怀疑、绝望。

如果这个时候再遭遇育儿方式的冲突，家庭的不和谐，身心的焦虑会让新手妈妈产后抑郁的可能性激增。因此，这个时候爸爸的作用很重要，一定要关注妈妈的心理健康，并且帮助她度过这个特殊的时刻。

以下是几个有用的建议给新手爸爸们参考。

1. 不制造言语上的对比。

尽量杜绝"别人家生完孩子都喝鲫鱼汤你怎么不喝""别人家孩子都长了3斤了我们才长了1斤，是不是你的奶水不好"这类对话在家里出现。这种有心或者无心的对比，只会让新手妈妈陷入强烈的自我否定，对家庭和谐没有一点好处。而且有时候不光是婆婆和亲戚这样讲，姥姥也会无意间说几句。这时候，老公就要起到保护老婆的作用了。

2. 当育儿方式出现分歧。

如果是"尿布湿了就换"还是"固定时间换"这种无伤大雅的问题，听妈妈的。如果是老人认为可以给孩子喂水但是妈妈不肯，这种关于科学喂养的问题，听医生的。如果是八竿子打不着的外人主张给孩子艾灸、喂补药，赶走他。

爸爸要关注一些与时俱进的科普信息，做到心里有谱，求助有方向。

3. 力所能及的事情要多帮忙。

事实上，爸爸除了哺乳以外没有啥是不能做的。优先保障妈妈的休息，让她多睡觉，良好的睡眠和休息会让妈妈更好地恢复体力和精力，也有助于妈妈情绪的稳定。

4. 让妈妈感受到来自爸爸的关爱。

这一点非常重要。不是"孩子都睡了，你也睡会儿吧"而是"你太辛苦了赶紧睡一会儿，孩子我来看"；不是"你这两天吃太少，奶水该不够了"而是"你还有啥想吃的，我给你做吧"。

要让妈妈们感受到，生完孩子以后她仍然是被关心的。

必备三大技能：换尿布、拍奶嗝、哄睡

对于小月龄的孩子，换尿布、拍奶嗝、哄睡这几件事情基本就占

据了 70% 以上哄孩子的时间。因此，爸爸们越快上手，就越快能够有效的和孩子建立起亲密的连接。而这几项业务其实都是熟能生巧的事，这么说吧，只要你练习个 10 次以上，就能够熟练掌握这个技能。一次都不肯尝试还喊着"我就是做不来"的爸爸，不是能力问题而是态度问题。

换尿布是一件贯穿了整个婴儿期，让爸爸妈妈印象都非常深刻的事情。我还记得一晚上给史包包换了 6 次尿布的恐惧。

给大家一条良心建议：换尿不湿的时候离墙远一点。因为一些不可预知但是可以预期的风险——换尿布的时候小朋友会忽然拉了或者尿了，如果角度合适，会出现一个射程较远的"喷泉"。你肯定宁愿它们喷在地上而不是墙上。

小月龄的孩子吃完奶都需要拍奶嗝，不然"喂了不拍，全吐出来"。拍奶嗝要讲究拍的"时机"，要等宝宝刚喝完奶，扶着头竖着抱几分钟以后再拍。如果刚喝完就拍嗝，反而会吐奶。拍完嗝以后也不能立刻把宝宝放在床上，最好再竖抱一阵子。越晚放下，吐奶的概率越小。

一点
提示

换尿布 Tips

a. 尿布台、隔尿垫都很必要。记得先把新尿布垫在旧的尿布下面，以防宝宝的突然袭击。

b. 给男宝宝换尿布，解开旧的以后，要眼疾手快地用纸巾盖住小丁丁，以防突如其来的"喷泉"。

c. 只要勤换，大部分孩子都不会红屁股。一旦红屁股，保持清洁和干燥最重要，1~2天就好了。

拍奶嗝的手法也是非常有技术含量的事情，很适合爸爸和宝宝一起来完成。爸爸还可以多和宝宝玩一下飞机抱，既锻炼身体，增加亲密关系，又能够帮助孩子缓解肠胃不适。

最后，新生儿不肯睡，睡了以后频繁夜醒，也是个千古难题。这是因为婴儿的睡眠周期短浅，而且分不清楚白天黑夜，所以经常夜醒。另外，吃母乳的宝宝每隔2~3个小时就会感觉肚子饿。这个时候，她才不管现在是几点钟，白天还是黑夜，只要饿了，就会哭着"报警"，

"妈妈快喂我!"还有最后一点，也是最常见的因素：孩子拉尿了。

很多时候都会出现这种情况：好不容易把宝宝哄睡着了，想着终于可以松口气了。结果外面有个风吹草动，宝宝又哇哇哭醒了——前功尽弃，只能一边高唱"大不了从头再来"，一边忙不迭地继续哄睡。

想要把宝宝尽快哄睡，以及降低宝宝夜醒的频率，有以下几个方法值得参考。

1. 借助工具：安抚奶嘴、安抚巾、安抚被子……

能够帮助宝宝安心入眠的小工具，都值得尝试，而且要多试几次，宝宝一旦接受，能把哄睡的工作难度降低不少。

2. 培养宝宝固定程序的睡眠仪式。

宝宝最喜欢安静、灯光昏暗的睡眠环境。躺在熟悉的婴儿床上，喂完奶以后塞上安抚奶嘴，轻轻拍一拍，通过这种固定程序的睡眠仪式，宝宝很快就能够意识到：哦，妈妈这是要哄我睡觉了。万一半夜醒了，蹬着柔软舒适的襁褓或睡袋，以及抓在手里的安抚巾，都能让她有安全感，放松下来，顺利接觉。

最后我想说，其实换尿布也好，拍嗝也好，哄睡也好，都不是什么特别难的事。最难的是一个小时做几遍，一天 24 小时不停歇。所以，妈妈喂奶，爸爸换尿布、拍嗝和哄睡，两个人分工合作才能快速搞定。这个时候的新手爸妈最需要的其实是耐心和爱，加油！

查漏补缺买东西，做好后勤工作

生娃之前大家可能已经囤了不少东西了，然而生完以后会发现，有些东西不够用，或者不好用，还有的东西快用光了。这时候就要查漏补缺，继续买买买了。如果爸爸有空，可以把这项工作接过来。这部分物品的购买原则如下。

一、非常时期，一切能够帮助妈妈节约体力的东西都值得拥有，比如尿布台这种换尿布不弯腰的工具。但是不一定非要买新的，去生过孩子的亲朋好友那里搜罗一下没准有所收获。

二、使用周期较长的产品，能力范围内选择更新、更便捷的。比如吸奶器，我一个朋友最开始用了一个单边电动的，她说把她乳头都给吸肿了，然后果断买了一个新的双边的，问题马上解决。而且双边吸奶器要比单边的效率更高。"双边双边，法力无边"，谁用谁知道。

三、消耗品趁着各种促销可以囤货。比如纸尿裤、一次性隔尿垫、乳垫、湿巾、储奶袋这些长期易耗品，各种活动的时候多买点儿屯着绝对是英明的。纸尿裤要注意尺码，不要囤太多 S 码，以防孩子长得太快。

希望每一个爸爸都能够成为全能奶爸，享受亲密无间的亲子时光。

03 队友不是万能的，
没有队友是万万不能的

　　刚成为新手爸妈的第一年，是我和老公最难熬的日子。虽然已经为了迎接这个小生命的到来做了很多准备，但是"纸上谈兵"和"落地执行"之间，隔着的距离可要比黄河还长，比珠穆朗玛峰还高。

　　喂奶、夜醒是我的夜间课题，给宝宝洗澡、换尿布、哄睡、陪玩是留给他的白天挑战。好不容易把宝宝安顿好，哄睡了，就到了我们两个相互分享带娃点滴，吐槽带娃糗事的时间。那段日子，感觉我们不像是夫妻，倒像是在革命中一起不断经历考验的战友——

　　我：我以前睡觉很死的，结果今天她轻轻地"啊"了一声，我一下子就醒了！

　　老公：我现在能体会到《动物世界》里说的"睡觉的时候也在放

176

哨"是啥意思了！

老公：我把她放在垫子上玩，结果她趁我不小心，把地上的拖鞋抓起来哨，我给抢回来她还不干，嚎啕大哭……

我：今天喂奶的时候她喝得太急呛着了，奶从鼻子里流出来，把我吓死了……

每次总结大会的结束，我们都会意犹未尽地添上一句："这要不是自己生的娃，真的坚持不下来啊！"

我女儿是个睡渣，每天晚上都会夜醒四五次。白天生龙活虎的爸爸，晚上睡得就像一只冬眠的熊。所以晚上大部分的突发情况，都是我一个人处理的。给孩子喂奶、换尿布、哄睡，一套程序折腾下来，就要大概一个小时，把我的睡意驱散地全无踪迹。上床好不容易有点困意，迷迷糊糊似睡非睡的时候，又听到孩子哭。得咧，继续起来重复以上流程……8 小时的睡眠被撕扯的稀碎，休息不好，白天又要全天带娃，整个人的精神状态都不好了。这种日子，我过了差不多一年半。

我老公也不容易。我们生娃前后，正是他负责一个大项目的关键时刻。虽然我们聊"万一工作和家庭发生很大冲突，你选事业还是家庭"的时候，我们两个都表示家庭是第一位的。可是真正当事情发生的时候，选择真的很难。

职场的规则就是谁跟进，谁受益。如果他这个时候选择了回家陪

177

我待产，领导也会表示理解，可是前面的心血就白费了，分奖金的时候也拿不到应得的那份。他还在左右为难的时候，我已经噼里啪啦算好了经济账：继续跟进项目，奖金能破 5 万元；回家陪我生娃，奖金估计也就 1 万元出头。一分钱就能难倒英雄汉，说什么也不能放弃这 3 万元。养娃带娃，以后用钱的日子多着呢！

他就这么一步三回头地去了公司。每天回家的时候已经很晚，但是还要陪我聊天，逗我开心。宝宝出生以后，他休了 3 天陪产假，就继续去做项目了。不过无论到家多晚，他都要去看看孩子，在孩子身边停留一会儿再去休息。

但是，你能说爸爸在带娃上面付出得少，就否定他对家庭的贡献吗？作为一个小小的二人团队，分工合作是必需的。他在外奔波，是为了给我和孩子提供良好的生活质量，让我在家带娃没有后顾之忧。作为职场奶爸，他其实也会面临很多困境。这对他来说，也绝不轻松。

每一对新手爸妈回顾养娃第一年的时候，都会发现生活因为孩子的到来彻底改变了。和很多妈妈一样，我没有了社交生活，从朝九晚五的职场女性变成了一个蓬头垢面 24 小时带娃不停歇的"师奶"。生娃以后，我老公工作、家庭两边兼顾，仅有的一点休息时间也全都留给了孩子。

这种日子苦吗？很苦。可是孩子给我们带来的快乐，也同样数不胜数。生孩子的疼痛是可以想象的，但是孩子带来的快乐是无法想象的。

每次我看到女儿的瞬间，都是幸福满满：

睡觉时候流口水，放屁把自己吓哭了的蠢萌；

偷偷喝洗澡水被我们制止，不开心地挥着胳膊的抗议；

自己捧着脚丫子一啃一个小时的专注⋯⋯

每年，中国有几百万人成为新手爸妈。在育儿的道路上，有个靠谱的队友，真的是一件非常幸运的事。

04 隔辈带娃，发生冲突怎么办

隔辈带娃，都有哪些冲突

老人帮忙带娃，育儿冲突简直是 100% 会发生的事。下面说说我在养娃期间，发生的跟奶奶、姥姥育儿观念冲突的事儿吧。

第一关是要不要用纸尿裤

我怀孕的时候，姥姥和奶奶就开始非常积极地参与进来了。具体的表现就是，我妈在家吭哧吭哧把积攒了多年的旧内衣、旧床单洗干净，撕成了形状基本一致的布条，从黑龙江邮寄到了广州。

我婆婆过去搬家的时候可能旧货扔得比较多，所以干脆去买了好多新布，然后裁成一条条的，还有一堆现在也不知道能干吗用的小布垫，也邮寄过来了。结果我就有了两大包能作尿布的布头。

然后等孩子出生了以后，在医院是没有机会用尿布的，护士直接让把新生儿的纸尿裤放在婴儿车下面。回家以后，我妈就开始动心思了。但是当时我刚手术完心情很差，再加上孩子大部分时间和我待在一起，所以我直接拒绝了。我妈也很快熟练了换纸尿裤的工作，所以她虽然还有执念，但是也默认了我们要用纸尿裤的方案。

我妈因为工作时间不允许，提前回去了，就换成了婆婆来照顾我坐月子。两位老太太见面后直接定下基调：尿布是要用的，把尿如果需要也是可以的。

我妈回去以后，婆婆就开始敲边鼓了："你看我们都准备了这么多的尿布，总要用一用啊！"然后还追加了一句："脏了我手洗，不用洗衣机洗。"

我们没有自此上演婆媳大战的狗血剧情，因为我当时就劝了一句，说："现在冬天好冷，你要是坐在阳台，吹着阴嗖嗖的冷风，在冰凉的水里洗尿布，万一着凉了怎么办？缓一缓，夏天来了再说。"

还没等夏天到来，奶奶就已经对纸尿裤爱不释手不离不弃了。谁会不喜欢坐在沙发上就能2分钟搞定一切，一点儿也不耽误追剧呢？

后来收拾屋子的时候我们又发现了那团小布头，我拿出来在奶奶眼前晃："还要吗？"她嘴硬说："等生老二时再用！"

我妈倒是到现在还惦记着她那堆破布头呢，听说我们擦地给用光了还表示惋惜："哎呀，我攒了十几年呢……"

后来史包包练习脱离纸尿裤的时候，奶奶开始是把尿的。然而那时候的史包包已经一岁半了，体重超过 20 斤，把尿成了力气活，不小心还会闪到腰。奶奶很快给她买了小马桶，我们再没就这个话题做过任何专门的讨论了。

我其实觉得姥姥和奶奶那种对尿布的执念，完全是出于一种积极参与的热情。怀孕的事情她们帮不上忙，所以要找点儿门槛比较低的事情表示一下她们的重视态度。而发现几十年前的老经验派不上用场，她们又有了新的事情可以去折腾的时候，注意力自然就转移了。

第二关是要不要给史包包英文启蒙

史包包三个月左右，我就开始有意识地给她放儿歌了，基本上每天都要听一会儿，有中文的也有英文的，其实还有德语的，因为我觉得那个动画片很好玩。结果呢，爸爸和奶奶居然都觉得没必要，他们的论点是：中国话还没学明白就开始学外语，搞混了怎么办？

大转折发生在奶奶去亲戚家玩了一趟以后。奶奶的亲戚是做幼儿英语培训的，亲戚给奶奶彻底洗了个脑，告诉她要从小给孩子磨耳朵，多听以后学习的时候才比较容易接受。亲戚不仅带着奶奶观摩了几节课，告诉她应该从半岁起就带孩子来上课（此处估计有营销的成分），让她看别的家长对孩子学外语的投入，而且还给她手机上安装了一个英语学习 App，让她没事就带着史包包听一听。结果就是，奶奶回来以后变成了彻底的"学外语，要趁早"的支持者。

有一次我听到奶奶手机在播放"Five little monkeys jumping on the bed（五个猴子在床上跳）"，然后奶奶告诉史崽："monkey 就是毛猴子……"

后来，史包包会在下雨的时候自己哼哼"Rain rain go away"，从此听英文歌曲成为全家热烈支持的活动之一。

后续：我在表达了对亲戚的感谢之后，忍不住找奶奶和爸爸吐槽，我好歹也是个重点大学外语系毕业的，我说的你们怎么就不信呢……

他们两个笑而不答，我估计是"外来的和尚好念经"吧。

若用上司的标准看奶奶和姥姥，其实她们很好

很多新手妈妈会抱怨，自己在育儿道路上最常遇到的阻力来自奶奶或者姥姥。千古难题婆媳矛盾就不说了，但是自己的亲妈也一样"难搞"是怎么回事啊？

已经建立了自己小家庭的我们，忽然又回到了被妈妈们掌权的时代，估计谁都是不乐意的。但是咱们要分清主次矛盾啊，为啥妈妈们过来？那不是要帮咱们带孩子照顾家庭吗？

所以，在育儿中，我把婆婆和妈妈当成上司来看待，我发现她们其实很好！

首先，这个领导事事身体力行，遇到困难不是喊"同志们往上冲"，而是"放着我来"，身先士卒。

其次，她们无偿分享自己的"职业"经验，乐于帮助"新人"。职场上打拼过的新人都知道，在职业起步之初有个倾囊教授自己的前辈是件多么幸运的事。

最后，当遇到孩子生病、没人照顾孩子等困难的时候，她们会调动所有的资源配合你，帮你克服。

这种领导哪里有？给我来一打！

当然，话不能说得太死。如果实在相处不来，生活习惯无法调和，那只能在矛盾累积到要质变之前解决。钱多请保姆，钱少自己带。大家以后还要开开心心地做婆媳、做母女呢。在职场上离职的时候都知道要凡事留一线，他日好相见，何况是一家人呢？

隔辈带娃的冲突，本质上是家庭成员相处模式的重塑

现代育儿方法和老人育儿方法的冲突，只要是老人帮忙带娃，就一定会有的。

如果你觉得老人只是单纯地从自己经验出发，为了孩子好，那么这个冲突就是可以协商的。毕竟时代在进步，知识在更新，几十年前的老经验又有多少能够在今天适用呢。

平时多带老人家出去转转，看看别人家是怎么养孩子的，多听听医生怎么说，这些都可以很好地帮助老人家尽快摆脱旧观念，积极适应现代育儿方式。

但如果老人完全是出于面子，强行指导，类似"我们以前都是这么带的也没关系""人家孩子都没事，怎么你们的就不行"这种，我觉得年轻的父母还是态度坚决些好。什么能做什么不能做，一定不要疏忽。比起真的出了什么事再判定责任方，亡羊补牢，还不如干脆就从源头杜绝问题的发生。

最后，我觉得老人帮忙带娃发生冲突，其实不仅仅是因为育儿观念的不同，其中还隐含了另一个命题：当我们和父母意见不合的时候，究竟是两个成年人在争论问题，还是长辈在教育孩子？

我们这一代人，人生轨迹的相似之处在于，离开家的时候差不多是十八九岁，还是父母眼中的孩子。等到我们再有机会和父母朝夕相处的时候，往往就是爷爷奶奶姥姥姥爷来帮忙带孙辈的时候了。

在中间这段漫长的时间里，那些接受了儿女已经长大成人的事实，愿意以成年人平等的交流方式与子女对话的父母，在这个新的相处模式下往往能够运转良好，即使发生摩擦，也能够顺利地解决。

但是如果双方还处于"成年人对待孩子"的相处模式里，无论是上一辈不肯放手，控制欲过强，还是孩子不愿意独立，都会在"隔辈带娃"这个难题中把问题无限地放大。

05

最理想状态的夫妻关系

综艺节目《奇葩说》里，薛兆丰教授建议大家从经济的角度去看待婚姻，一时引得众人深思。其实，如果我们换个方向，从职场的角度看待夫妻关系，也能得出不少发人深省的结论。那么，最理想状态的夫妻关系应该是怎样的呢？我觉得应该有下面几点。

高效率的沟通机制

如果两个人结婚以后，沟通还主要靠猜，动不动给你一个眼神叫你"自行体会"，实在不是一种高效率的沟通方式。偶尔来一次是情趣，次次都这样就是较劲了。

真实的生活用"一地鸡毛"来形容还是轻的，有时候说成是"一摊狗血"也不为过。如果这个时候再沟通不畅，鸡同鸭讲，不在一个频道上，"沟通的成本上去了，运营的精力就降下来了"。

如果你们每天都要因为"谁接孩子""谁做饭"的问题喋喋不休地讲几个小时还确定不下来，哪里还有闲暇时光享受一下生活的美好啊？

在沟通过程中，我建议至少有一方要有点幽默感。如果对方是你的灵魂伴侣，可以捕捉到你的笑点，幽默感能让夫妻关系更加和谐。

当然反面的例子也有，苏格拉底偶尔没有控制住自己，贫嘴了一下："不管怎么样，还是要结婚。如果娶到一位好太太，那么你很幸福；如果娶到一位坏太太，你会变成一个哲学家。"结果被太太一怒之下赶出了家门，流落街头……

良好的冲突解决模式

记得在一个妈妈群里，我们纷纷吐槽和老公吵架的事，有个妈妈云淡风轻地说："我从没和老公吵过架，我们生气的时候抱抱就好了，真的，抱抱就不生气了。"看得我们纷纷表示"佩服佩服，自愧不如"。

然后，她被群主踢出去了……

群主的原话是："没和老公吵过架的女人，不足以谈人生！"

就像 HR 面试的时候往往会问："你有什么缺点吗？"其实她关心的并不是你的缺点，而是你的解决方案。夫妻双方发生争执也是一样的，吵架并不可怕，可怕的是错误的冲突解决模式。古人流传下来的"宝贵"经验"一哭二闹三上吊"，在如今消费主义盛行的时代已经被很多有为女青年改成了"一哭二闹三买包"，因为"包治百病"么。但是，报复式的消费只能带来一时的开心，如果你不去解决，问题还在那里。长此以往，家里的包越来越多，夫妻关系间埋的地雷也越来越多，说不定哪天踩到一个，就惊天动地了。

我和我老公的冲突解决机制是：

1. 问题尽量不要过夜，当日事当日毕；

2. 讲述问题的时候要冷静，尽量不要带着情绪；

3. 向前看，给出具体的解决方案，而不是一味地追究责任。

我们运行这套机制六七年了，感觉还是很好用的。至少每次发生冲突以后，我们都会本着"解决问题"的初衷坐下来谈，而不是像电视剧演的一样歇斯底里地大吵大闹最后连争吵的原因都忘记了……

卓越的团队合作意识

记得婚礼的时候，我老公在台上发表爱情感言，我印象最深的一句就是："如果你是奥特曼，就让我来做你的小怪兽吧，我们以后就是一个团队了！"

结婚以后，他确实没有食言。分工合作让我们都觉得生活从此更轻松了：在家他做饭我洗碗，出门我做攻略他负责安排交通住宿；排队缴费我们也可以分开排两个队伍，谁快就去谁那里结账。生娃以后，我半夜频繁起来哄孩子，他让我白天补觉，自己给孩子洗澡、换尿布、哄睡，只有需要喂奶的时候才叫我……

这些成功经验让他对团队的依赖与日俱增，带着我越来越多地踊跃参与到"第二杯半价""买一赠一"这些婚前他只能"望门兴叹"的活动中去。最后，卓越的团队合作也给我们带来了很多苦恼——婚后每年都在长肉。

我们团队偶尔也有意见不统一以及不想合作的时候，这时候就需要回顾"良好的冲突解决模式"了，如果当时碰巧还有"第二杯半价"的活动，那么我们意见统一的速度还会更快一点。

据说，最理想的夫妻关系是让双方都有机会成为更好的自己。我觉得我们好像做到了。

01 起名记

我们家爸爸姓史，从怀孕开始，我们就在发愁起名这件事了。

给小朋友起名好难

起名字，能到 60 分就很优秀了。因为众口难调，总有人不满意。

可怕的姓氏，是出生就带着的"原罪"

人生从一开头就拿到艰难剧本的，莫过于有一个不是很优雅的姓。

比起龙、赵、欧阳、南宫、轩辕、司马、慕容、上官这些一出场就自带神仙气息的高大上姓氏，姓史、赖、皮、苟的小朋友，简直一出生就带着"原罪"。

VS

我们家爸爸姓史，怀孕的时候各路朋友就已经积极帮我们取过很多名字了，但大部分是为了满足他们捣乱的心理。

我们自己也曾想过很多名字，"史迪仔"？怕迪士尼说我们侵权。

"史丹利"？听着耳熟，结果一查是一款化肥。

"史塔克"？连英文名都一起有了。可是万一不是钢铁侠，是临冬城倒霉的一家子怎么办？

后来，史女士的爸爸长期陷入在一种"对不起"孩子的恐慌中。尤其是史女士到上幼儿园的年纪时，他童年时因为姓氏被小朋友们嘲笑的阴影慢慢浮上心头。

有一天晚上，他突然和我说，要不上学时让孩子跟你姓吧，我不想她再经历一次我的童年往事。我说你别傻了，反正小朋友上学后，不管怎样，总会有同学嘲笑她的，与其被人抓住什么我们没想到的地方，不如就让他们嘲笑这个好了，我们也可以早做准备。知道敌人的火炮往哪里打了，这一仗准备起来就容易多了嘛。

我老公之后就开心一点儿了，真的，一点儿。

常见的姓、名就高枕无忧了吗？天真

我一个朋友，夫妻两个都姓张，于是兴致勃勃地给自家崽起了个名字：张一一。不仅朗朗上口，而且以后写试卷也又快又好，很有优势。

然而这个既有个性又寓意美好的名字并没有得到孩子姥姥的青睐。

刚上完户口那阵子，每次有人来问："你家外孙女长得真好，叫啥名啊?"姥姥都会很有怨念地说:"张两横!"

而通用款名字,已经被编成了段子。

有一个笑话,惊得现任父母们差点跌倒——

梓轩和子轩打架,撞伤了梓萱和子萱。

可馨、可欣和可鑫跑过来劝架,撞倒了若曦、若溪和若熙,

子睿和梓睿跑过去告诉班干部浩然、昊然、皓宇和雨豪,

大家一起拉开了梓轩和子轩,扶起了梓萱和子萱。

语彤、雨萱、羽琪、宇涵拿来药品帮大家处理伤口。

最后,梓轩、子轩、梓萱和子萱在大家的帮助和劝导下握手言和。

不知道爸爸妈妈看到自己千挑万选给孩子起的名字被写进段子有何感想。难道这一届的起名大师都是琼瑶、席绢的骨灰级粉丝吗?

你取的名字,孩子们以后未必会用

我很喜欢的一个公众号的主笔叫吉吉。有一天,她在文章里管自己的爸爸叫"老王"。我恍然大悟地去留言:"原来你竟然不姓吉!"

她哭笑不得地回复:"难道我要改名'王王'吗?"

不管你费劲巴拉地起了啥名字,孩子们以后行走江湖都未必会用的。后悔当初瞎折腾了吧?

给小朋友起小名更难

已知条件:孩子爸爸姓史,我们给孩子起大名就已经很难了。

要求：再给孩子起一个小名。

为了达成这个目标，我们尝试了几个方式。

第一招是看到别人家有什么好听的小名，可以尝试直接照搬。比如我一个同事家的小朋友叫"多多"，人家爸爸姓金。哎呀，多么吉利又好听的名字啊：金多多。

可是我们姓史，完全不能用这个小名，悲伤。

类似的还有"天天""壮壮""贝贝"等，单独念都很好，一搭配上姓氏就很奇怪，或者朝着好笑的方向奔去。

第一招，失败。

第二招是随机法，看到什么有趣的词，就尝试着匹配一下。

爸爸先后给出了"史南村""史小北""史文德"这些奇奇怪怪、带着一点诡异的名字选项，最后我发现他的灵感来源是每天乘坐的公交车站名……

被我"暴揍"了一顿以后，爸爸放弃了这个做法。

幸好他每天乘坐的不是 39 路，上面还有"瘦狗岭"这种选项……

第三招就是自暴自弃了。

生完孩子以后，我们陷入了新手父母的各种不适以及对未来大笔财务支出的焦虑中，起个什么小名已经不重要了。最后，我女儿的小名叫包包，我很担心："叫这个名字以后会被小朋友们起外号哦！"爸爸大手一挥："没关系的，她姓史，无论叫什么小朋友们都会嘲笑她的。"估计爸爸在回忆他那个很悲惨的童年吧……

小名虽然起好了，但是我们家里人比较随意，叫小朋友什么名字，主要看当时的心情决定。

做体检的时候，医生说要给小朋友一个固定称呼，好让她快速记住自己的名字。我们只好在心里暗暗检讨：我们一直在换着花样给她起外号。乖的时候是"史包包"，长痱子了是"史痱痱"，前两天她被奶奶和爸爸合力逮住剃了一个秃头，奶奶就喊："小秃瓢，你的玩具呢？"所以，只好和医生说，好好好，我们会的。

所以小名到底有多重要，我们一时也还体会不到……

其实给孩子取小名这个事情，不仅我们焦虑，古人也很为难。比如欧阳修给自家娃取了个小名叫"僧哥"，马上就有杠精来挑事儿："你不是不信佛教吗，你干啥给孩子起这名？"

欧阳修只好硬撑："人家小儿，要易长育，往往以贱物为小名，如狗羊犬马之类，僧哥之名，亦此意耳。"意思就是，小孩起贱名好养活，我给我儿子取小名叫僧哥，就和其他人给孩子取名牛啊、狗啊一样的。

——顺手还回踩了一下，真是不能得罪文化人啊。

然后等你知道，晋成公的小名叫"黑臀"，陶渊明的小名叫"溪狗"，王安石的小名叫"獾郎"，司马相如的小名叫"犬子"，就更没啥好纠结的啦，开心最重要，开心最重要啊！

最后，我们心酸又自暴自弃地总结了一下起名这件事：取名到底难不难，主要看你姓什么。

02 带娃记

这是一篇非常欢乐的流水账。

我们家养的不是孩子，而是一个预备役段子手。

热烈欢迎新成员

史包包出生的时间比预产期晚了差不多两周，当时每天都有朋友关心地问"生了吗"，后来一个做研发的朋友贴心地给了一个解释：新产品都这样，上线的时候总是各种延迟。

我生史包包的时候不太顺利，开了十指生了一个半小时没生下来，又被拉去紧急剖宫了，被我老公称为"双重爆破"。史包包出生的时候六斤八两，腰粗腿长，第二天就会笑，也算是给几乎被"腰斩"的我一点慰藉了。

坐月子的时候开始是我爸我妈照顾我，后来换了婆婆。史包包每天睡觉的时候多，清醒的时候少。吃奶的时候像个小狼，晚上不睡像个猫头鹰，拉臭臭的时候像海参在喷射内脏……我私下以为是我怀着她的时候看了很多《动物世界》的缘故。

史包包吃吃睡睡，脑细胞增长迅速，很快就懂了用哭声求抱抱、求陪玩耍。我们给她取了一个艺名"史家嚎"——使劲在家嚎哭的小朋友。每次她哭着要赖，我们就问她："史家嚎你要干什么呀？"史包包有时候会羞愤地停止哭泣不理我们，有时候会自暴自弃哭得更大声，这主要取决于她当时的心情。

爸爸上班以后是我和奶奶白天带史包包。有一次她睡了，我和奶奶在另外的房间收拾东西，就把史包包托付给手机视频里的爷爷老史先生照看。一会儿就听到手机里的爷爷大声喊："蹬被子啦！快来人啊！快来人啊！"见惯了大场面的我和奶奶都没把这当回事，没有理会，结果就尴尬了——奶奶和妈妈没出现，老史先生隔壁办公室的同事闻声过去了……

史包包满月以后，换尿布和吃奶仍然是每天的主题。有一次，在半个小时内，我给她换了三个纸尿裤，于是我给她喂了人生中第一口"鸡汤"："无法控制自己膀胱的人就无法掌控自己的人生。"结果她无动于衷并且冲我吐了一个口水泡泡。还有一次，她不好好吃奶，给了不吃，不给吃又哭。我气愤地点着她的鼻子说："反复小人！"爸爸在旁边添油加醋："无'齿'之徒！"我忽然觉得很欣慰，看来以后我们家的教育模式是"男女混合双打"了。

　　史包包一个半月的时候，在爸爸的大力鼓动下，我们引入了安抚奶嘴。第一次使用的场景是，史包包哭泣着不肯老老实实地换纸尿裤，给她吃安抚奶嘴的瞬间，我们顿时觉得世界都安静下来了。然而那个安抚奶嘴只"显灵"了十几分钟，就被史包包抛弃了。好在爸爸有一种科研人员特有的辩证主义精神："她接触的安抚奶嘴太少，这个失败案例只能说明她不喜欢这个奶嘴，不能说明她不喜欢安抚奶嘴。"事实证明，爸爸是对的！后来换了个软奶嘴，史包包一见如故，睡前烦躁来一口，睡不安稳来一口，情绪烦躁来一口，简直是居家出门的必备"神器"。哄睡成了一件特别容易的事，只要看到她有困了的迹象，塞好奶嘴，放进小床，拍几下就可以离手了。我和爸爸当时简直想给安抚奶嘴的发明者发奖金。

　　快要迈入百天的史包包每天过得既充实又忙碌。她每天起床后要练习趴和翻身技巧半小时；分别视频接见姥爷、爷爷半小时；每周参加一次线上家庭会议，基本上只列席不发言，一旦发言就会因为情绪过于激动而需要提前离席；啃手并且发出奇奇怪怪的声音半小时；无所事事地发呆 1 小时；毫无意义地睡前烦躁大哭 2 小时；洗澡玩水 20 分钟。我们都感慨地说，这明明就是一个勤奋而上进的小青年嘛。

百天以后

由于广州的疫苗迟迟未上市，3个多月的史包包去澳门打十三价肺炎疫苗的事情被正式提上了日程。我带她去拍了人生中第一张证件照，结果照片出来以后发现很丑。史包包心情崩溃地大哭，史先生也忐忑地问："这么丑我们还要吗？"我也不确定他说的是照片还是孩子。

带史包包出门打预防针，周围的八卦群众只有一个反应"这个宝宝不到4个月就长这么大呀"。我觉得很对不起她，恐怕史包包要和妈妈一样从小就和"纤细美丽"这些词绝缘，而是伴随着"胖壮少女""孔武有力"的标签一辈子了……

由于之前的攻略做得非常仔细，所以我们去澳门打针一切顺利，走了快速通道，交通上没有折腾，史包包也很配合，下午我们还去手信街买了零食。背孩子的史先生则走上了人生巅峰，他发现和他打招呼、逗孩子、搭讪的漂亮女性比他前半生的总和还多。从此，每次出门他都积极地把婴儿背带往身上套。

之后，史包包风平浪静的吃睡生涯遭遇了一次厌食危机。她整个白天8个小时一口奶也没喝，一凑到胸旁边就放声大哭，直到晚上我灵机一动用奶瓶喂她，她才肯接受。

随着史包包日渐长大，活动能力越来越强，她脑袋后面的一圈头发也越磨越少。结果就是一家三口人，两个有头发问题，史包包枕秃，秃头局部有头发；我产后脱发，头发局部有秃头。后来他爸爸一狠心，趁着二月二龙抬头给她剃了人生中第一个光头。剃光了头发的史包包并不太清楚发生了什么，反而是我比较伤心：史包包的胎发在头顶特别浓密，每次洗澡打湿以后贴在头皮上就感觉换了一个宝宝。剃光以后怎么洗都是一个秃头样，少了很多乐趣。

史包包 3 个月的时候，奶奶去逛了一圈亲戚，回来以后发现史包包还不会翻身，于是就把从亲戚家小朋友那里学来的先进经验传授给了史包包：多抠脚。史包包一掌握到要领，就开始了废寝忘食地练习。晚上 8 点钟我给她套上睡袋强制睡觉的时候，史包包气得嚎啕大哭，为她被阻断的进取之路难过得泣不成声。

爸爸很盼望史包包快快长大，可以带出门炫耀。有一天他掰着手指帮史包包算了一下年龄，然后长叹了一口气："才 144 天，还不如爸爸的 QQ 等级高。"然后又动情地摸着我的剖宫产伤疤说："老婆，生孩子辛苦你了。"我说："以后请叫我'刀疤陈'。"温馨感人的气氛顿时荡然无存。爸爸从我们两个这里感受不到丝毫的亲情温暖，于是自己无趣地玩手机去了。

史包包已经开始明显地有了好恶，还是个颜控。大长腿、白净斯文的舅舅来看她，她就没羞没臊、手舞足蹈地挂在舅舅身上不肯下来；卖菜的大叔逗她，她就立刻撇嘴哭泣。事后奶奶实话实说，那个大叔确实长得不好看……

趁着新鲜，我们也带史包包去参加了一节早教体验课，然后结束的时候老师送了一个球给我们。爸爸说，送个球的意思就是在暗示我们：家长不努力，早教有个球用。于是史包包的早教之路就这么夭折了。

4个多月的史包包精细能力有了大发展，主要的表现就是撕纸巾和"偷"菜。她会偷偷摸摸地把一张纸巾撕得稀碎然后埋头呼呼，假装这事没发生过。而每次奶奶用背带带她去买菜的时候，奶奶挑菜她就自己薅一根菜啃，昨天是生菜，今天是蒜苗。我那几天一回家就亲切地拉着她的手问："你今天'偷'菜了吗?"

随后，我们找到了一项全家人都可以放松点儿的周末活动——去酒店游泳。史包包不下水，只在岸上观摩，我们轮流在岸上看着她就行。轮到爸爸和妈妈下水了，爸爸说："我们比赛游泳吧！我让你先游10秒。"我说"好!"过了一会儿，爸爸又说："我们比赛憋气吧，我让你先下去10秒。"我："……"而史包包此时正在奶奶关切的目光中躺在沙滩椅上呼呼，并不能来有力地应援妈妈。

之后，和正常的小朋友一样，史包包开始长牙了。如果说长1颗牙相当于战争演习，那3颗牙一起长就相当于一枚洲际导弹的威力。史包包夜不能寐，深夜要么哭泣不断，要么小声尖叫，久久不能平复。我只好抱着她，承诺以后一定要帮她好好保护每一颗来之不易的牙齿。

长牙周过去以后，我们发现她一共长出来了五颗牙。随后就是史包包的牙齿探索之旅，具体来说，就是咯吱咯吱地磨牙。两天以后，她的磨牙声和铁勺刮锅底、泡沫塑料摩擦声，被并列为全家人最不能忍受的三大噪音，史包包也因此被嘲笑为"五齿小人"。那几天我最想送给她的八个大字就是：文明吃奶，不许咬人！

开荤和生病

史包包6个月的时候，爸爸给打着她的名义买了瓶茅台，说这就是我们家珍藏版的"女儿红"了。

6个多月的史包包夜醒仍然是个大问题。我给她添加了晚安米粉，据说可以帮助小朋友吃得肚饱，一夜好眠，但是也没有什么用。我很生气地想投诉生产厂家：你们是不是忘记往里面掺蒙汗药了？

加辅食以后的一个晚上，史包包开荤了，爸爸喂她吃了人生中第一口肉——番茄三文鱼泥。吃起来像茄汁鱼，颜色烂兮兮的。史包包第一口吃下去的表情很复杂，但是还是努力地继续吃。我们两个则是一脸嫌弃地看着那瓶肉泥。我想起了我朋友的那句名言："这个营养丰富，但是说实话，你要是给我吃，我一定是拒绝的！"不知道史包包10岁、20岁、30岁的时候看到这段视频会作何感想。

加辅食以后，史包包拉屎是我们每天关心的大事。顺利就在微信上通告全家，要是过点儿还没拉，姥姥姥爷和爷爷就要开始询问。作为妈妈，我能帮到史包包的就是每次在她皱眉做出"拉屎表情"的时候小声唱歌给她鼓劲："拉妹子拉，拉妹子拉，拉妹子拉呀拉拉拉……"

史包包的爬行之路开始得不早也不晚，但是姿势奇特：先是四肢撑高，然后全力向前扑，头先着地，再如此反复。连贯动作看起来像是身负重伤匍匐前进的战士，还是一个光头女战士。

史包包的降生10个月庆典，从凌晨4点发烧开始。爸爸说："你要火"，然后请了3天假照顾她。结果3天以后，她熟练掌握了叫"妈妈"的技能，求爸爸的心理阴影面积。她爸说，我算是理解了什么叫"凡走过，必留下痕迹"了，他说的是拖着两条鼻涕的史包包满屋子乱爬这件事情。

史包包得了咽峡炎，嘴巴里长了很多包，非常可怜。吃东西嘴巴痛，连水也不敢喝，我们一看她，她就指着嘴巴和我们呜呜倾诉。一天多没怎么吃饭，饿得她抱着一瓶子奶小声地哭，睡着了也不肯撒手，醒来喝两口，疼哭了又稀里糊涂地睡过去。后来我们的破解之道是给她吃雪糕，冰冰凉凉地含在嘴里会舒服一点。3天以后史包包好了，后遗症就是每天围着冰箱绕，要吃"糕糕"。

史包包之后又拉肚子了。之前她发烧的时候死活不肯吃药，每次

208

灌药就声嘶力竭地嚎哭，直到呕吐，有一次药还从鼻子里喷了出来，把我们吓得要死。因此，我们都会请医生尽量给开无色无味的药，这样比较好混在奶粉或者饭里吃下去。我们在家说话不敢提到"药"这个字，整天"鬼鬼祟祟"地把药按照剂量掺在她的各种食物里。但是还是被她察觉了，她每次喝水都小心翼翼的，生怕里面放了药。史包包肚子正常运作以后，大家总结说：整个星期都像宫廷剧里反派在练习给皇家幼子下毒一样。

频繁夜醒仍然是史包包的人生"污点"之一。都说没有深夜痛哭过的人不足以谈人生——那小朋友你一晚上哭好几次，你想和我谈点啥呢？爸爸则若有所思地说，如果婴儿身上能设置一个按钮，他希望是"静音键"。

牙牙学语

史包包正在努力地学习说话中，但是口齿还不是很清晰，认知也有点儿混乱。你问她"几岁了"，她就努力伸出 4 个手指头："细碎，细碎（4 岁，4 岁）。"我们一致认为是奶奶教偏了。

我买了一条新裙子，穿上以后奶奶和爸爸都说丑死了。只有史包包一个人拍着巴掌说"漂漂"，老母亲好欣慰，觉得没有白养她。

小舅舅问我，史包包会数数了吗？我说她会数 1 和 2 了，小舅舅表示很欣慰：二进制用 0 和 1 就能搞定一切，她都能数到 2，前途不可限量。老母亲羞涩地捂脸："你们科学家夸人都是这么厉害的吗？"

受到天才早慧少女小表妹的刺激，奶奶开始让史包包练习摘掉纸尿裤。很快，她尿尿前就知道报告，但是有时候玩过头忘记报告，还是会尿在裤子里，这时候史包包就会羞愧地大哭起来。有一次她报告的是要尿尿，结果不但说晚了，还掉出来了屎。她就很惊悚地看着自己的臭臭，一边大叫"屎！屎啊！"一边飞快地逃走了。

以前爸爸逗史包包玩，经常玩一些很弱智的游戏，没完没了地对着吼什么的。结果我们的天才早慧少女小表妹，比史包包还小半个月，都能背爸爸妈妈的电话号码了。爸爸知道以后深受刺激，恨不得拿出硕士入学考试的卷子给史包包撕着玩，从小开始熟悉考场氛围，也不知道她能不能体会到爸爸的苦心。

后来，史包包控制膀胱比控制脾气做得好，晚上睡觉基本就可以告别纸尿裤了。以前晚上夜醒四五次，每次都用只有妈妈听得到的频率哭泣，每次就三个主题：拉了，尿了，饿了。现在每天晚上大声嚎哭一次，主题非常明确：要尿尿。声音大得能把全家都吵醒，于是爸爸挺身而出，每晚带她去尿尿。史包包起夜的频率和姥爷差不多，反正他们两个都睡不了整觉。于是我们专门买了两个上厕所专用的小夜

210

灯，姥爷一个，史包包一个。歌里怎么唱的来着？"留一盏灯给你关心的人"，我们留了两盏灯给半夜尿尿的人，啊，多么温暖。

姥姥过生日，我们带着史包包一起唱生日歌、吹蜡烛、吃蛋糕。第二天她抓着姥姥的袖子大喊："快乐！快乐！"姥姥想了半天，终于破译了她的密码：她是又想吃蛋糕了。所以现在史包包一要"快乐"，我们就下楼去给她买一块儿最小的蛋糕。

生娃以后，我对两性关系的思考变得非常冷峻和现实了。我感觉我们家史先生心中一直有两位我无法超越、不能替代的女神：一是陶华碧女士，温暖了他的胃；二是叶文主播，抚慰了他的精神世界。我和史包包填补的则是他内心"不知道有什么用但是应该有一个"的空白。

03 返乡记

回乡契机：卖房、看长辈

史包包1岁多一点儿的时候，我们忙着卖房子，主要是奶奶帮我们带她。然后奶奶的妈妈，也就是我老公的姥姥生病了。东北零下三十几度的冬天，年纪大的老人生病是一件很大的事情。奶奶知道消息以后，虽然没有说，但是我和老公都能看得出她内心的煎熬。所以我们三个就商量了一下，最后得出了一个最优解决方案：让奶奶带史包包回黑龙江老家一起看望太奶奶，我们在家一边工作一边卖房子。

因为要出差，所以我没能赶上送她们出发。老公细心地拍了送别视频给我看，视频里的史包包对将要发生的事情一无所知。奶奶还带她去出发厅里的母婴室滑滑梯，她以为就是一次普通的出去玩。我们当时也很乐观，想着应该过一段时间就能把她们接回家了。

我老公是一个爱女狂魔，送完奶奶和史包包上飞机，就开始和我倾诉："家里空荡荡的，宝宝出发之前换下来的纸尿裤我都不舍得丢""你快点回来，我身边现在只有你一个女人了"。

快乐的东北生活

史包包到了东北，很快适应了一切。亲戚们都很爱她。之前在广州的时候，因为我们住的是楼房，没有电梯，奶奶的膝盖不好，下楼玩不方便，所以她见人比较少，看到人多会害怕。而东北亲戚多，住得又近，大家经常一起吃饭，她慢慢适应以后，人多时也不怕了。

姑姑家有个只比她小十几天的天才早慧小表妹，两个小朋友一起玩，非常有意思。第一天到的时候，史包包的饼干被小表妹抢走了，吓得哇哇大哭，只会朝着奶奶扑过去要抱抱。几天以后，她就知道要保护自己的饼干了。

史包包在东北过得非常开心，主要是可以玩的花样太多了。她每天穿得很严实，踩着雪去对面楼找妹妹玩。姑父还给她和妹妹一人堆了一个小雪人。如果外面太冷出不了门，她就站在阳台上看对面的人准时出来遛两条大狗。和她玩的人也多了起来，不仅有小表妹，还有姑姑、姑父、舅奶奶、舅爷爷、姨奶奶、姨爷爷，小区里的邻居们见到来了新的小朋友，也会和她热情地打招呼。我们让她管太奶奶，也就是奶奶的妈妈叫"太太"。她每天都会溜进太太的屋里打个秋风，顺一点儿水果什么的吃。

拍的照片上，她外出就穿着我临行前给她买的羽绒服。红色很喜庆，但是非常不合身，特别大。为啥呢？因为妈妈买的时候不知道衣服尺码上的100cm指的是小朋友的身高，还以为是衣服＋帽子的长度。

以姑姑为首的各路亲戚们每天换着花样给史包包买东北特产和好吃的：冻梨、冻柿子、糖葫芦、雪糕……只可惜她的牙口还不够好，有些想吃但是吃不了。大家又给她买了很多玩具，她和妹妹两个一起嘀嘀咕咕地玩。

太奶奶的病情虽然不是特别重，但是也断断续续，一直不见好，这一病就到了过年。那年的春节，我和史先生也踏上了回东北过年的路。我们工作以后很少回老家，一是因为双方的父母已经不在那里住了，另一个是因为回老家不是一张机票就能解决的问题，需要4小时飞机＋12小时绿皮火车才能到，第一天出发，第二天早上才能到家。返程也是要先坐晚上的火车咣当咣当到哈尔滨，然后再坐飞机回广州，路上往返就需要3天。一到过年过节，火车票就十分抢手，一开售就秒光。我们想尽办法，才买到了过年期间进出哈尔滨的火车票，可以回去看史包包和亲戚们了。

分开了两个多月，一大早上她见到我们其实是有点懵的。好在有一年多朝夕相处的基础，她用了十多分钟就和我们重新熟悉了。为了庆祝这次重逢，爸爸过年特地买了很漂亮的焰火，想给史包包留下难忘的印象。结果她被噼里啪啦的声音吓得屁滚尿流，焰火没放完就哭着要回去了。我们一起亲亲抱抱藏猫猫，洗澡吃饭哄觉觉，4 天的时间很快就过去了。我和爸爸依依不舍地踏上了回去的路，然而史包包的留守生涯还没有结束。

年后爷爷那边又有点事情，急需奶奶回家灭火。于是史包包又漂流到了几百公里外的姥姥家，和姥姥姥爷度过了一个月的时光。姥姥和姥爷带她出门和朋友们炫耀，去结冰的鱼塘滑冰，在有地热的地板上到处乱爬……姥爷怕她晚上在床上乱滚摔下来，还给她专门搭建了一个小地铺，姥姥和她两个人藏在热乎乎的被窝里搂在一起看小画书。史宝宝口齿不是很清晰，每次叫姥姥，听起来都像是"袄袄"，姥爷就是"袄爷"。作为一个初级版本的人工智能，她已经可以执行一些基本的指令了，比如扔尿布、递拖鞋、开电视之类的。我和爸爸一边看着前方发回的小视频，一边感慨，啥时候她再高级一点就好了。以后我们就不用 Siri，而是直接问："史包包，请问今天的天气怎么样？"

4 月份的时候，我们成功卖掉了老房子，等着交接手续。爷爷家的事情也搞定了，于是奶奶带史包包回来了。

回家以后的史包包变成了我们家的"意见领袖"，因为她变得意见特别多。

"你要换个纸尿裤吗?""不要!"

"你要出门遛遛弯吗?""不要不要不要!"

——这个时候我就想问她，"你认识没头脑和不高兴吗?"

那年的暑假，史包包又当了一次返乡儿童。一是因为爷爷很久没见到奶奶了，非常想念；二是因为我们周末的时间基本都要外出看房，带着她的话，40度高温奔波在各个楼盘之间，很容易中暑。大人辛苦，小朋友也不开心。因此，我们把这次回老家的主题命名为"回乡避暑"。

可万万没想到的是，暑热不是你想避就能避开的。史包包刚到沈阳，就赶上了几十年一遇的酷热天气。爸爸紧急网购了一台空调，可是全国都缺货，直到这段酷热过去了才发货。那几天，史包包罕见地出了痱子，家里的风扇不够用，热得睡不着，晚上爷爷奶奶不是带着她去住酒店，就是去有空调的亲戚家借住，好不容易才熬过了那几天。

除去酷暑的话，史包包的留守生涯还是很开心的。爷爷奶奶在家附近给她办了一张游乐园的卡，每天8点一开门就过去玩。玩累了就带她去买吃的，带她去学校看新生军训，去亲戚家开的英语早教班旁听，还去了有果园的亲戚家看各种树、摘果子。中间还去赶了海，坐在沙滩上挖了好一通沙子。

终于搞定一切，接娃回家。

史包包不在，我们趁机赶紧继续折腾，爸爸换了新工作，我们搞定了新房。

9 月份，奶奶和史包包又回来啦！在等待她到家的那段时间，真的就像《小王子》里面说的：如果你说你在下午 4 点来，从 3 点钟开始，我就开始感觉很快乐。

除此以外，我们为了迎接她回家，还做了很多准备。比如把零食全部换成了芥末味的：芥末海苔、芥末花生、芥末薯片……因为史包包不能吃辣，这样子爸爸妈妈放纵堕落的时候她就只能看着了。

1 个月以后，姥姥的退休手续正式搞定，姥姥和姥爷过来替换辛苦了一年多的奶奶，开始了带娃交接工作。奶奶回家之前，我们找摄影师拍了一组照片留念，既是为了庆祝史崽即将到来的 2 岁生日，也是为了纪念这一段难忘的时光。

奶奶回家后，发了个朋友圈，只有一句："不太习惯一个人坐飞机。"然后转头用史包包的语气在朋友圈写了一篇小作文：

"还有几天奶奶就要坐灰机回老家了，这次包包不能陪你飞飞了，我在家跟姥姥姥爷玩儿，我会听话的，想我你就跟我视频好了。

"22 个月的我，跟奶奶在不到一年的时间里从广州到东北，从东

217

北再到广州，来来回回我已经坐过 6 次灰机了。包包是个乖宝宝，一般情况下我除了吃饭、看几眼漂亮的空姐、爬到窗前看看蓝天白云外，就是躺着睡觉了。

"有一次发生了个小插曲。那是我们刚开始坐灰机，奶奶没经验，买了灰机中部的座位。要起飞了，空姐给我拿来个安全带，让奶奶给我系上，然后和奶奶的安全带连在一起。系上它真不舒服，当时我就发了脾气。我哭着、叫着、拍打着，一会儿工夫就出了一头的汗。奶奶一看我这架势，就和空姐说：'孩子小，她不想系安全带，让我们到后排坐吧，不要影响了大家。'到了后排，奶奶给我拿掉了'枷锁'，我一会儿工夫就呼呼大睡了。

"这就是我婴儿时期坐灰机的小故事，我很棒吧！"

"空巢父母"的事后感慨

身边也有朋友把孩子送回去给老人带的，我们自嘲这种情况是"空巢父母"。好处是不用很辛苦，每天看看孩子的视频就假装自己尽到了家长的义务。遗憾的就是不能陪伴在孩子身边，没办法见证孩子成长的每时每刻，错过了很多。

回老家的这段时间，史包包过得还是非常丰富多彩的。实话实说，

218

比跟我们在家的时候更有乐趣。她有了更多跟大家庭相处的经验，跟妹妹又打又闹地一起过了好几个月，成了爷爷家门口游乐园的VIP，见过了南方小朋友们没看到过的千里冰封，还有了一个自己的雪人。直到现在，她还对下雪印象深刻，一看到书里或者电视里的画面就会激动地大喊："雪！下雪！"

第一次去东北的时候，史包包还是个只会咿咿呀呀的小毛孩，回来的时候已经是个能扎起辫子的小姑娘了。这个小朋友2岁不到已经飞来飞去了6次，完成了好几次南北大迁徙。虽然我们会开玩笑，要趁她2岁前多用几次婴儿飞机票的福利，但心里其实还是有些愧疚的。史包包是"空中飞婴"、返乡儿童，我们是新一代的城市中年、"空巢父母"。这一切和几十年前并没有什么区别，只不过绿皮车换成了飞机，仅此而已。

对于我们这些远离家乡打拼的新城市移民来说，一旦有了孩子，面临上有老下有小的局面，有时候形势比人强，不得不向现实低头，和孩子分开一段时间。如果孩子真的只能选择在老家带，对于这个无法改变的现实，抱怨是没有用的，还不如赶紧想想办法，帮老人和孩子营造出更好的环境，让孩子能够快乐地成长。

而有老人愿意帮忙带孩子，其实已经是一种福气了。不要一说到老人带孩子，就说人家是落后的教育、陈旧的思想。带孩子是个非常

219

辛苦的工作，用我们奶奶的话说："不是自己亲孙女，给钱也不带。"

我们老家在东北的三线县城，人均工资不到 3000 元，房价 2000 多元一平方米，文娱和教育都不是很发达。但是对于小朋友来说，门口有棵树开花也是新奇的，路边摆摊爆爆米花也是有趣的，去乡下亲戚家看养的羊能激动好久。对史包包来说，可能 1 岁到 2 岁之间离开了爸爸妈妈六七个月的时间，确实我们的小世界有段时间没有围着她转了，但是她却拥有了很多只属于爷爷奶奶和姥姥姥爷的回忆。有这样的人生经历，我觉得对她以后的成长也不是坏事。

所以，关于是否让孩子在老家留守这件事，我觉得其实不用给自己太大压力。人生很难做到百分之百完美，养孩子也是一样的。留在老家的生活也可以过得丰富多彩。只要让孩子知道爸爸妈妈虽然没有陪在他身边，但是仍然非常爱他，在我们力所能及的范围内做到最好，就可以了。

再次感谢史包包在老家期间那么爱她的家人们，你们辛苦了。

04 入托记

史包包 2 岁时，我们准备把她送到日托班"深造"了。

考察阶段

我们家小区里有好几个日托班，我们是一个一个考察的。

第一个日托班搞活动，很便宜的价格可以体验一周日托，我们就高高兴兴把史包包送去了。第一天中午回来，她说"幼儿园放假"；第二天说"我要坐飞机找奶奶"；第三天路上就死活不肯去了，非要看鱼鱼和鸭鸭。后来姥姥带她去花园里看鸭子打架去了，"三个打一个！"她可激动了。

那会儿史包包刚开始学说话没多久，我感觉她那几天为了绞尽脑

221

汁地不上学，把所有词汇都用上了。

那几天其实发生了一件让姥姥很生气的事，不然后来也不会支持她逃学。那时候史包包已经脱离了纸尿裤3个多月，我们已经教会她，一旦想要尿尿就及时说，所以她白天没尿过裤子。去日托班之前，我们还特地排练了好几次："你要大点儿声，想尿尿时拉着老师的手或衣服说'尿尿'，像这样……"

练习了几次，第一天平安无事地顺利度过了。但是第二天，她在日托班尿了裤子。回来以后她跟我们讲："我和老师说（尿尿），老师（在）和别的小朋友说话。"

姥姥觉得，班里的孩子总共不到10个，我们又是唯一一个新去的小朋友，老师应该格外注意才对。既然孩子及时报告了，那肯定是老师没理会她，才尿了裤子。

这家日托班，淘汰！

第二家日托班，我们吸取了第一家的教训，没有买便宜的课，怕老师区别对待，买了10节早教课直接去上课体验的。

上到第四节，我就觉得老师虽然满嘴讲的都是高大上的术语："触觉敏感期""听觉敏感期"，但是好像4节课反反复复讲的都是这些内容。最关键的是，聊过几次以后，我能感受到，虽然老师们制服整齐，面貌可亲，用了很多术语和名词包装自己的教育理念，但是对孩子更多的是一种服务型的礼貌，而不是真心的热爱。虽然他们家环境很好，但是我们还是放弃了。

第三家日托班，姥姥心一横，开始考园长："孩子怕生，不适应怎么办？"

园长很开心地说："我们这里可以让家长陪着一起上，帮小朋友们快速适应，不用额外付费。"

姥姥还是有点担心："会不会添麻烦？"

园长说："我们欢迎家长们陪读，还能起到监督我们更好地照顾小朋友的作用。你不是一个人，看！"

姥姥一看，果然教室里还有两个家长在冲着她笑。姥姥想，那就先这家了吧，不行再换。

陪读生涯

交了学费，姥姥就开始了陪读生涯。

开始是上半天班，史包包觉得这就是一个比较长的早教课，中间还发水果，很开心，说明天还去。中午要吃饭时姥姥就带她回家，吃饭洗澡睡觉，努力和全天班的小朋友一个节奏。

那几天，史包包每天洗完澡倒头就睡，看来上学真的是很辛苦啊。

后来过渡到全天班，姥姥就等她吃完饭睡了再走，放学去接她。

然后姥姥每天给我们讲她的所见所闻：

"史包包玩小火车只肯拉着姥姥，还不让别的小朋友在后面扯她衣服，所以老师带着别的小朋友一列小火车，史包包和姥姥自己一列小小火车；

"史包包很有助人为乐的精神，她有一天帮一个裤子掉了、屁股露出来的小男孩提上了裤子，同学情谊十分感人；

"老师带着大家在草地上看蚂蚁搬运其他昆虫的尸体，史包包和同学学会了'蟑螂坏坏'这种句式……"

老师和姥姥每天发来的视频里，史包包也是很廾心的样子。

我最羡慕的，其实是史包包每天的午餐。老师每天都会发照片来，看起来很好吃、很丰盛的样子。史包包还学会了自己吃饭和喝汤，吃得可香了。

有一天史包包下午放学，小辫子被重新梳过，特别好看。

我问她："谁给你梳的辫子啊？"

她说："叫老师。"

我说："我知道你是叫老师帮忙，哪个老师呢？"

她说："叫老师，叫老师。"

我问："对啊，你叫了哪个老师呢？"

姥姥实在忍不住了："她说的是赵老师。"

每天回来，我们还会问史包包："今天你都做了什么呀？老师讲了什么呀？同学们今天玩什么啦？"有时候她兴致好，会给我们声情并茂地表演一段老师的开场白："我是黄老师，欢迎所有的小朋友来到贝贝乐园。"要么就告诉我："有个小朋友不乖，她推人。"每次上完英语课，她回来都要伸出一根手指，摇头晃脑地用朗诵腔来一句："请给我一个 ice cream。"

差点整段垮掉的毕业表演

史包包上了没几天学，日托班里的一批大孩子要准备毕业上幼儿园了。老师带着小朋友们排练节目，要搞一个毕业典礼。史包包也发了一身小青蛙的衣服，在家穿上蹦蹦跳跳，高兴极了。

一周后，我和姥姥姥爷去观看了一场到处是小混乱的毕业典礼。小朋友们状况百出的表演真是笑死人了：开场前，"荷花仙子"忽然情绪崩溃不肯上台；有个演毛毛虫的小朋友不听指挥，躺在地上拱来拱去；有两个"小夫子"忽然上错场地，上台跑到了"小仙女"中间⋯⋯

史包包上台的时候也掉链子了。音乐一响，崩溃大哭一次，屁滚尿流地爬下来找妈妈。我安抚好她以后，情绪恢复继续上台。别的小朋友表演她划水，最后还神奇地参加了谢幕。

准备带着史包包散场时，我们遇到了园长。园长主动和史包包说："我看到包包坚持完成了表演，不错呦！"我说："她刚开始哭了一会儿，不过后来就好了。"园长说："第一次上台肯定是紧张的，刚才在台上哭得最久那个，是我们家老二呀！"

慢慢学会放手

小青蛙的舞蹈史包包是没有学全的，但是她在日托班混了一个月，学了一个其他的才艺：学会躺在地上边哭边要挟我们了！其实我等这一天很久了，马上叫了爸爸来围观，我们两个一边哈哈大笑一边和她合了个影。后来史包包觉得地有点儿凉，自己爬起来走了。

姥姥也逐渐放手了。送史包包到日托班里面，趁她玩得开心，和老师悄悄打个招呼，转身就走掉了。我去送史包包，也是如法炮制。

后来史包包回来转述老师的话："小朋友要和妈妈说再见。"我们就增加了"再见"这个环节。第一次她是瘪着嘴带着哭腔说的，一边说还一边挥挥手。后来情绪不好偶尔崩溃，老师就主动过来把她抱走冲我们挥挥手。再过一会儿，有小朋友和她一起玩，情绪就好转起来了。

放学的时候，史包包每天都不肯走。姥姥去接她，每次都要使出大招才能把她顺利带回家："我买了西瓜，你要不要回家吃西瓜？"

"爸爸今天给你买了礼物，回家拆礼物吧！"走的时候史包包还会用力和每个老师说"拜拜"，笑模笑样地就回家了。

上了日托班将近3个月，史包包有了以下进步。

一、语言能力大增。以前只会说"要吃饭""睡觉"这种很简单的句子，现在能更加具体地表达自己的想法了。和她聊天是很享受的一件事情，每每能有很多惊人之语，逗得我们哈哈大笑。

有一次我们在小区里看到一只柯基犬，她兴奋地喊："兔子狗！"估计柯基心里一沉："啥？"狗主人都忍不住哈哈大笑了。

二、团体意识显著增强。史包包可以融入集体活动，和小朋友们一起分享玩具了。不像以前，别人过来玩玩具，她就吓得跑开了。

三、动手能力变强太多啦！能自己吃饭、上厕所、扔球，还会跳半支小青蛙舞蹈。

缺点呢，注意力不是特别集中，老师在上面讲故事，她有时候自己在下面玩，不理会老师。还有就是不爱睡午觉，老师说，别的小朋友睡觉了，她在小声唱歌。老师就过去陪她睡，一会儿就呼呼了。

我们好爱这个日托班啊，希望史包包和可爱的园长、老师、同学们一起度过这段美好的旅程。

附言：妈妈已经私下问过园长很多次了，你们啥时候周六周日再开个班啊，拯救一下老母亲的周末时光？园长笑而不语……

227

01 养娃经历
带给我的进步

当妈以后，我从工作中的"甲方"，变成了生活的"乙方"。我感觉我的各项能力都有了很大进步，从一个暴躁的小青年，变成了"有求必应""使命必达"的优秀员工。

举个例子，有一天史包包晚上不好好睡觉，要求尿尿两次，喝奶一次，打毛毛虫一次，最后爸爸站在她床头发出灵魂拷问："你想干啥，啊？你到底想干啥？"

我说："少问客户为什么，多问问自己能给客户做些什么！"

这个反应和敬业精神，至少是个国际4A公司的水准了！请问我是如何做到的呢？以下是我的总结报告。

两年多的养娃经历，让我有了以下进步。

观察能力强，擅长从"甲方"的无理取闹中寻找出真实需求并及时解决

当妈的人，最怕孩子哭。刚出生的小婴儿不会表达，哭泣是他们唯一的倾诉渠道，如果你破解不了哭声的密码，就只能迎来愈演愈烈的暴风哭泣。而刚学会用语言表达自己思想的两岁小孩，情况也好不到哪里去。如果遇到了说不清楚的情况，也只会暴躁地嚎啕大哭，最可怕的是你都不知道她到底为啥哭。

如何在震耳欲聋的嚎哭中，剥开表面的种种迷雾和干扰项，沉着冷静地找出宝宝的真实需求并及时解决，是我成为生活"乙方"以后面临的第一项挑战。

在这里，我用的是排除法。利用平时的生活经验，一项一项排除常见的可能性，并且见招拆招。为此，我在第五章第二节的时候讲过，我建立了一个育儿SOP，来指导和规范全家人的育儿操作。

在这里需要注意的是，使用排除法，需要团队的每个成员（爸爸、妈妈、爷爷、奶奶）不断地更新资料库，扩大样本量。尤其是有新情况出现的时候，一定要及时知会给团队的所有人。这样才能保证信息的畅通和SOP流程的高效和准确性。

灵活机动，能为"甲方"的各种突发需求提供解决方案

对于沉迷于搭建自己"内心宇宙"的 2~3 岁小朋友，他们情绪多变，反复无常，说翻脸就翻脸，这简直是太常见的事情了。

如何在毫无准备的情况下灵活机动地满足"甲方"的各种需求，提供有创造性的解决方案，是每一个父母需要面临的考验。

我们就曾经历了一场"晚安奶风波"。史包包睡前要喝晚安奶，她指定爸爸是冲奶负责人，不让妈妈插手，这事儿一直都挺顺利的，直到有一天……

爸爸开心地拎着奶瓶回来，递给史包包："给你，喝吧！"结果一向很配合的史包包忽然开始哭闹："太少了！太少了！我要多的！我要多的！"我和爸爸定睛一看，原来是奶瓶里的奶距离瓶口还有大概不到 1 厘米的距离，所以史包包认为这瓶奶不合格，至少分量不达标。

爸爸试图给她解释："是这个奶瓶比较大，所以倒进去才不满，但是分量是一样的！"

然而史包包在这件事情上展示出非同寻常的严谨和固执，嘴巴一咧开始嚎啕大哭："啊啊啊，不够多啊！不要这个！不要这个啊……"期间伴随着手脚乱踢乱打，魔音绕梁。

我灵机一动："我来解决！你等着。"

10 秒钟后，我带着一瓶满满的晚安奶回来了。史包包马上停止了

哭闹，欣然接受。

爸爸好奇地小声问："你是加水了还是又拆了一包奶粉?"

我得意地炫耀："我啥也没做，就使劲晃了奶瓶 10 秒钟，上面其实都是奶泡，哈哈!"

除此以外，类似的突发状况还有：孩子忽然嫌弃常用的牙刷，怎么也不肯刷牙了怎么办？因为妈妈折了一下纸片，没办法恢复原状了孩子大哭大闹怎么办？雪糕掉地上，捡不起来了，孩子就要这一个怎么办？

每一个问题，都值得专门写一篇文章来详细解答。每一个突发状况都是给爸爸妈妈们的考题，我们得绞尽脑汁、使出浑身解数去安抚小朋友的情绪，尽量让他们的情绪平静下来。这不得不说也是一门很深的学问。

擅长处理危机事件，心理承受能力强

作为一个全程亲力亲为带孩子的妈妈，我见过的大场面可太多了：刚满月的时候喷射式吐奶，刚喝完的奶从鼻子里喷出来；3 个多月换纸尿裤的时候正好赶上她拉臭臭，角度很凑巧地搞出一个"黄金喷泉"，我和爸爸被震撼到，呆了 10 秒钟才开始手忙脚乱地换床单……

见的次数多了，我和孩子爸爸已经练就了一身处理危机事件的本领：只有行动才是唯一的解药。洗孩子的洗孩子，擦地的擦地，如果能在 3 秒内做出反应，损失的范围还能更小一些。

而且我们的情绪转变也收放自如：一边聊周末计划一边哄孩子睡觉——孩子吐了赶紧擦洗、善后——安抚好孩子，搞定清洁工作后继续愉快地聊计划，一点儿也没有被刚才的呕吐事件打断。

总的来说，我的"甲方"两年多来给了我很多考验，也让我进步很快。最让我高兴的是，"甲方"有时候也给我发糖。

有一天，我带史包包去参加见习牙医工作，学了很多保护牙齿的知识。回来以后我和她说："妈妈想亲你一口。"

史包包说："不行!"

我问："为什么?"

史包包一本正经地回答："会蛀牙!"

那一定是因为你太甜了，对吗?

02 高效妈妈 时间管理术

把日程表排满没用，关键在于"管理"

大家经常会见到"妈妈应该怎么更合理地利用时间""怎样才能带孩子的同时做好家务"之类的提问，可见新手妈妈们对时间管理的重视。但是，大家对时间管理又有很多错觉，认为时间管理做好了，我就可以一天拥有 40 个小时，把 100 件事安排得井井有条，保质保量地完成——这绝对是一个误区。在"时间管理"中，"管理"才是重中之重。

所以，如果时间管理真的做得好，你会发现自己的生活出现了以下变化。

一、你的日程规划表，安排的项目要比之前更少，而不是更多。

时间是有限的，精力也是有限的。你在安排日程规划的时候，只能根据自己的大目标，集中优势时间去做有限的事情。其他不太重要的事情，可以选择分包或者忽略。

把时间均匀地分配在每一件事情上，本身就是不可取的。举个很简单的例子大家就懂了：公司的管理层会把当年的所有预算平摊在每个项目上吗？当然不会，肯定要区分重点项目和非重点项目。对于妈妈来说，也是一样的。每天要做的事情，你认为哪个最重要？如果是陪娃读绘本，那就把最宝贵的一个小时用来亲子共读；如果是自我提升，那就用来学习。

世上安得两全法，什么都想要，最后往往什么也得不到。

二、更加关注事情的能量级别，先做事半功倍的事情。

我们在分配任务的时候，尤其是妈妈在打理全家人事情的时候，往往要根据事情的紧急程度来决定优先级别。

比如生活中最常见的一个场景，早上孩子不愿意起床上幼儿园。妈妈们往往非常着急，手忙脚乱地帮孩子套上衣服就走了。但是这个事情如果我们往回追溯，其实可以通过事前的准备工作，做好孩子上幼儿园的心理准备，让孩子早上一听到上学就主动爬起来穿衣服，对去幼儿园这件事充满期待。如果这件事情做成了，不仅第二天一早会顺利很多，以后的每天早上都会顺利很多。这种就属于能量级别更高的事情——可以对未来产生良好影响。

在这方面，其实很多妈妈都有各种小妙招，比如前一天晚上让孩子挑选好想穿的衣服；提前问好明天幼儿园有什么活动，吸引孩子去参加……也就是说，这些妈妈都已经意识到，帮孩子穿衣服虽然快，立竿见影，但是如果能够培养孩子良好的起床习惯，会受益无穷，事半功倍。

这一点很像我们常说的，先做好"不紧急但是重要"的事情，"又紧急又重要"的事情就会越来越少。

三、一段时间以后会发现，"少即是多"真没错

小学的时候我们笑话过课本上南辕北辙的小动物拉车，长大以后发现，我们恐怕还不如它们：凡是把自己日程表写得满满的人，大概努力的方向都不止 3 个吧？

我就见过一个想做完美辣妈的人，每天每个小时都有主题：人鱼线时间、深度阅读时间、亲子时间、艺术欣赏时间……每个待办事项都非常与时俱进，但是效果呢？反正我看她激动地朋友圈打卡 10 天以后就再无消息了……

所以，我们要问一问自己，到底要的是"我觉得我很努力"的感觉，还是真的想在某个方向有所提升？

比起日程满满但是没有重点地瞎折腾，每天只关注有限的内容，并且持续深耕，坚持一段时间后，你会发现自己进步神速。比如我一年前开始写文章的时候，4 小时也写不出一篇，但是现在 2 小时就能写出一篇，质量也比之前提高了很多。但是，我也放弃了很多。我的生活变成了"家—公司—健身房"三点一线，基本没有线下见面的实体社交。朋友约吃饭？不可能的，忙起来经常自己都没空吃饭了。单是"家庭、工作、健身"三件事情就已经让我吃不消了，如果再雄心勃勃地写上几个项目，估计我一定会倒在目标实现之前。

所以，我想说，学习时间管理是有用的，但是要先学会取舍，然后才能管理好自己的时间。什么都不想放，眉毛胡子一把抓，那不是时间管理，那是贪心。

时间高效管理的方法

首先我们要来破除几个误区。

关于时间管理，最常见的一个误区就是"时间是公平的"。

对于一个新手妈妈，在孩子出生的第一年，能够"活"下来已经是竭尽全力了。但是往往会有人给她更高的要求：你看那个谁谁谁，人家都能坚持健身，你怎么不行？

那个谁谁谁，有时候是美国前总统早上 5 点钟游泳，有时候是上市公司高管每天跑步 1 小时，有时候是华尔街 3 个娃的女企业家练出人鱼线，反正举这些例子就是为了向你证明：这么多比你忙的人都能抽时间做自己想做的事情，你有啥不可以？

然而说这句话的人并没有意识到，虽然每个人每天都有 24 个小时，但时间并不是公平的。

你的时间到底是不是属于你自己，主要取决于你的位置。像总统、总裁这种阶层，他基本可以掌握每天 24 个小时的安排，比如他想在早上 9 点钟开会，就会有工作人员去安排这个会议，保证会议的落实。而对于一个普通的妈妈来说，她的 24 小时恐怕都由不得她自己，而是以孩子、家庭和工作的需求为导向的。

所以，时间并不是公平的。有些人的 24 小时属于自己，有些人的 24 小时"卖"给了别人，有些人花钱"买"别人的时间，有些人的时间全部"出售"给了他人。强行用"时间都是公平的"这句话给一个妈妈来打鸡血，本身就不公平。

第二个误区，成功人士都是忙碌的。

说到这里，可能有人要举出知名企业家一天的行程表做例：凌晨 4 点出发，一天参加四五个会议，飞往三四个城市，最后半夜到家。然而这只是一个表象而已，如果你也学着把自己每天的行程安排成这样，你先迎来的恐怕不是成功，而是过劳死。

成功人士之所以能成功，是因为他们把主要的精力用在了能够帮助他们成功的事情上面，用定律来描述就是"你的 80% 的成就来自你 20% 的行为"。

成功人士看起来很忙，但是主要在忙能让他们成功的事。但占据你生活的，可能更多的是一些"没有太大意义但是必须要有人做"的事。

所以，不是把自己的日程表写满，每完成一项工作打个钩就叫时间管理。时间管理是把优势的时间和精力，用在真正对你的事业和人生有帮助的地方。

打破了这两个时间管理的误区，我们再来看看具体有哪些时间管理的方法，能够有效帮助新手妈妈们提升时间利用率、增强幸福感呢？

首先，我们需要给自己设定一个目标。

对于新手妈妈们来说，这个目标可以是"每天多睡 10 分钟"，也可以是"每周 1 小时的自由时光"，或者是"今年学会 2 首歌""孩子学习更优秀"，等等。像我自己，我今年的主要目标就是 3 个，写作、健身、下班后多陪孩子。

目标没有高低好坏之分，完全取决于妈妈们当下的状态和目前的需求。目标是成功的催化剂，只有目标清晰了以后，我们才能围绕着我们的目标来安排一天的工作和生活。

第二，匹配你的时间和精力。

在这里有一个重要的法则，那就是：精力充沛的大块儿的时间做重要的任务，零碎时间批量处理日常任务。

在职场中，我们处理手头事务的时候，往往会依赖一个四象限模型，把事情分为"重要而紧急""重要不紧急""紧急不重要""既不紧急也不重要"这四类。一般推荐的顺序是优先做"重要而不紧急"的事情，因为如果不做这件事情，那么它终将变成"重要而紧急"的事情。

但是，我们在日常工作中的场景更有可能是，如果行政1小时打电话催你3次要你反馈一件"既不重要也不紧急"的事情，那么这件事情可能就会占据你的身心，成为你的首要待办事项了。

那么如何解决这个冲突呢？那就是：把重要的事情留在不会被打扰的时候去做。这个没人打扰，可以是早起，可以是晚睡，也可以是在公司找个安静的会议室，人为地制造一个无人打扰的环境。

我今年的目标之一是写作。为了实现每天都有一篇产出的写作目标，我每天早到办公室一会儿，趁公司同事都还没到的安静时光专心写半个小时的文章。

最后就是，给自己做减法，多做那些能够帮助自己实现目标的事情，尽量减少无意义的工作。

管理你的时间和精力，为目标服务

首先是学会使用统筹方法，合理规划。

统筹方法是人教版初二课本里华罗庚先生的文章教给我们的，说的虽然是怎么烧水、怎么洗茶杯的事，但道理是一通百通的。

但是，在现实生活中，我们往往不是不会使用统筹方法来规划时间，而是容易被其他事情诱惑。明明接下来的时间应该回复一批邮件，结果不小心点开了一个视频就停不下来了，等回过神来已经过了 1 个小时。所以，不仅要用统筹方法列好待办事项，而且要杜绝外界干扰，能够严格执行才算数。

其次，不重要的工作和家务，可以统统分包出去。

作为一个妈妈，我们最稀缺的就是时间。所以我们不能太贪心，要适当学会做减法，给自己多点喘息和思考的机会。

早餐不是一定要妈妈早起亲手做才能带给全家幸福感，微波炉加热速食麦片行不行？绘本不是只有妈妈带着读才能读出其中真意，爸爸能不能代替？孩子能不能自己读？饭后洗碗也不是一定要妈妈来做，交给洗碗机行不行？

千万不要被鸡汤公众号的那些文章洗脑，什么《坚持给孩子做早餐的妈妈是全家人的幸福源泉》《每天给孩子讲一小时故事的妈妈创造了奇迹》……这种文章只能越看越焦虑。妈妈也是正常人，也会疲惫，也会想睡个懒觉。每个家庭都有自己的实际情况，一顿饭不做、一晚上不读故事不会对孩子童年产生什么不良影响的，真的。

科技解放人生，我真心觉得外卖、洗衣机、洗碗机、扫地机器人是我们家的四大法宝。

再次，健康活力的身体会让你精力充沛，效率更高。

时间管理其实一直离不开精力管理这个内容。生完孩子以后我明显感觉到，有好身体才能有好精力。一个平日看起来永远没睡醒的妈妈，和一个气色红润、元气十足的妈妈，谁的生活质量更高？答案是不言而喻的。

对于全职妈妈来说，要把每周至少3次运动放在你的第一序列，排除万难也要实现它。坚持几个月，你一定会发现自己有了非常明显的改变。

对于职场妈妈来说，我们可以选择在工作的场合增加一些运动机会。比如我们可以把与客户洽谈的场所，从咖啡馆、餐厅换到羽毛球场、高尔夫球场等运动场合。

我有个特别棒的经验想跟大家分享。之前我试过每天早起在家健身，但由于我实在不是一个"晨型人"，坚持了一段时间后感觉非常疲惫，白天工作也无精打采的，于是只能放弃。下班以后再去健身房也不是很现实，因为我下班以后的时间主要是留给家人的。

最后我找到一个非常棒的方法解决了这个问题：利用中午的午休时间去公司对面的健身房运动半小时。运动前订一份健身房的减脂餐，运动后洗完澡吃掉。中午午休的一个半小时，就被我用得明明白白。坚持健身对我来说也不再是一件痛苦的事情了。

最后，适当地给自己一些奖励，享受生活的乐趣。管理好时间，就是为了有更多的时间享受生活啊！

03 怎样才能育儿和
自我提升两不误

鱼和熊掌能兼得吗？可以。但是和很多妈妈想的不同，"育儿和自我提升两不误"并不意味着妈妈们要过上苦行僧式的生活，摒除娱乐休闲，24小时都排满。

所以，这一章我希望能带给新手妈妈们的是：

1. 思维破局：改变思维方式，把自我提升和育儿有机结合起来，创造"1+1 > 2"的双赢局面；

2. 行动避雷：避开鸡血式提升方案、自我感动式展示方式，破除两者兼顾的误区；

3. 正确执行方式：找到更合适自己的领域，以结果为导向，以"创造价值"为衡量标准。

思维破局

生娃以后，可供妈妈们自由支配的时间真是少之又少。很多妈妈的固有思维方式是：等孩子完全睡着后再开始学习和自我提升。这样既没有保障，也不容易坚持下来。那么，让我们试着来转变一下思维方式——既然妈妈已经是我们的社会属性了，我们是否可以带着这个身份自我提升？越早认同自己的身份，越早能够实现知行合一。

这事儿不是我随口说说的，可行性非常高。当你把育儿和自我提升结合在一起，你会发现推开了一个新世界的大门。

育儿这件事情，本身就是一个特别大的项目，里面涉及的学科和内容，简直比高考信息量还大。我举几个例子。

给孩子提供搭配合理、健康的每日三餐：营养学、健康饮食金字塔；

应对孩子不同时期的心理、生理变化：儿童心理学、教育学、各种育儿流派；

给孩子挑选绘本、书籍：对纽伯瑞儿童文学奖、凯迪克大奖、纽约时报杰出儿童图书等了如指掌……

由育儿这个话题拓展出的相关需求和内容，更是数不胜数：

妈妈产后恢复体型：减脂塑身；

生娃后花钱学着精打细算：家庭理财；

让全家人分担育儿重担：团队管理；

一边带娃一边工作想要提升效率：时间管理……

这么多的方向，我相信一定能找到妈妈们想要提升的领域。比起纯粹的理论，实战才是最好的学习方式。或者说，学以致用才是最快的提升方式，不是吗？

对比一下两种方式，你会发现：

方法一：育儿和自我提升各自为战，时间精力花费多，主要靠打鸡血和顽强的意志力支撑。

方法二：把自我提升和育儿有机结合起来，1+1＞2，时间和产出都有保障，双赢。

以我自己为例，我之所以选择成为母婴领域的作者，就是因为养娃可以提供很多的素材，可以说是取之不尽，用之不竭。那些有趣的、苦闷的、生动的经历，都成了我的灵感来源。我女儿就是我的缪斯，就是我的灵感之源，就是我丑兮兮的文曲星。

而我的另一些朋友们，有的在教育孩子的过程中把自己修炼成了养育专家，有的成了国内收纳界的近藤麻理惠，有的掌握了家庭理财秘籍，还有的成了绘本专家、玩具选购大师、朋友圈的妈妈意见领袖……这些都是非常棒的自我提升案例。这些妈妈们的共同特点，就是选择了方法二"1+1 > 2"的高效提升方式。

行动避雷

自我提升过程中最忌讳的，是形式主义大于实际效果。

如果一位校长来汇报高考成绩，他说的一定是"本校考生 600 分以上有 45 人，3 名同学被清华录取，2 名同学被北大录取"这种实际效果，而不是"高三同学人均做了 620 套试卷，每天 2 次快速模拟考，每天晚自习到 10 点"这一类的过程指标。但是在成年人的自我提升领域，我们经常看到的是后者，比如"我今年读了 100 本书，做了 300 页读书笔记"。如果你不识趣儿地追问："然后呢？你的产出是什么？"往往就没有答复了。

类似的行为还有：时间表从 5 点开始，到 23 点结束，学习、育儿、健身一样都不落，满负荷运转；学会了 10 个工作模型原理、5 个重要的管理学法则，分别精心制作了思维导图……

我不是说这些行为不对，但是如果没有配合产出，这就是一种典型的形式主义大于实际效果的汇报展示方式。

没有结果的过程指标是没有意义的。企业为什么会设定 KPI？不就是怕员工搞一堆花架子，却没有产生一点儿有用的绩效吗。

制定自我提升计划，首先要目标清晰，其次要以结果为导向。另外，人的精力是有限的。形式主义搞得太多，总是以一种汇报演出的心态去宣布自己做的事情，就容易陷入虚假繁荣中。

同样是 100% 的时间和精力，你想用哪种分配方式？

时间精力分配方式

选择1

选择2

过程展示　　　结果产出

第二个重要的事情是，自我提升不等于全面提升。

如果当妈之前你跑 800 米都很难坚持下来，那么生娃以后就算通过科学训练，你也没办法成为奥运会田径冠军。

有娃这件事不会帮你打通任督二脉，而是会压缩你的闲暇时间，占用你的充沛精力，侵占你的睡眠时间。说这么多的意思就是，当妈以后，时间是稀缺资源，能用在自我提升上的时间和精力非常有限。如

方向太多，很难突破
运动、
护肤、读书、
写作、旅行、社交……

果目标太多，方向分散，别说实现提升了，能不能坚持下去都是问题。

确定一个脚踏实地的提升目标和方向，要比全面开花更有可行性。不要被那些十项全能的完美妈妈形象所影响，找到合理的参照物很重要。适合自己的，才是最好的。

正确的提升方式

这一节不是给新手妈妈们打鸡血，而是介绍一个可持续的思路供大家参考。采取正确的自我提升方式非常重要，我建议可以分三步走。

首先，你要确定一个方向。

即使采取了"育儿 + 自我提升"的方式，你也会发现，可以提升的领域千千万，每一个看起来都很不错。到底选哪一个呢？这主要取决于你的大目标。

如果你的目标是刚需，比如强身健体、家庭理财，那么你是否擅长这件事情、在这个领域是否取得过成绩都不重要。如何尽快地掌握这个技能，才是你需要思考的。但如果你的目标是让自己增值、更有竞争力，那你就要考虑从自己比较擅长的事情里找到一件可以尽快突破和见效的——职场上我们要拼的是长板，而非短板。如果你在几个方向之间摇摆不定，可以这样处理：刚需的目标按照优先级排列；增值的目标用试错的方式，先做"更擅长"或者"更快产出"的那一个——标准你自己定，不要朝令夕改就行。

目标不要太多，集中发力，效果更好。

其次，目标设定要合理，以结果为导向，定期优化流程是关键。

比如你要减肥，设定了一个月减掉30斤的目标。到了月底，为了实现目标，恐怕只有砍掉一条大腿才行了。通常来说，一个月减掉5~8斤是更靠谱的目标——目标的合理性很重要。

如果你的运动计划坚持了两周，时间进度已经过了50%，但是体重、围度一点儿没降的话，那么你就要反思，我的运动方案对吗？饮食结构合理吗？然后找到问题，解决它，这样才不会继续稀里糊涂地浪费时间。

总结、反思、优化流程，是实现目标的不二法宝。

最后，如果目标实现了，用"是否创造了价值"为衡量标准，可以鼓励自己朝更厉害的方向前进。

还是刚才减肥的例子，如果你成功减掉了 20 斤，周围的人都纷纷向你讨教经验。你可以开一个收费培训班来服务大家，这样就把自己的技能从"利己"发展到了"利他"。当别人愿意付费来请你提供服务时，说明你已经在市场上有了竞争力。

"技能变现，得到积极反馈——有钱可以更好地进修，提高水平——水平越高，价值越高"这种正向循环，就是非常棒的反馈机制了。在提升自我、实现价值的时候，其实可以积极地引入外力作为催化剂，促进自己更快地成长。

一点提示

自我提升三步走：

a. 找到合适的领域，集中发力，效果更好；

b. 以结果为导向，制定脚踏实地的提升目标，定期反思和总结，加快提升速度；

c. 进阶阶段要以"创造价值"为衡量标准，如果有人愿意为你的价值付费，会形成正向激励。

最后，送给大家一碗"鸡汤"，当作本节的结尾。

一位女士去应聘，HR 请她说说自己过往的工作经历。

她说："我负责管理一个 4 人团队，大到财务支出，小到行政规划、团队建设方案，都是我的职责范围。因此，我的工作强度很大，基本上是全年无休。但是，团队在我的带领下，也取得了很棒的成绩。两名年轻成员全部实现了自己的职业规划路径，一名经验丰富的成员晋升为了我的终生合伙人。"

HR 表示十分赞叹，赶紧问："请问您的职务是?"

她笑着说："我是两个孩子的妈妈。"

养娃路漫漫，处处是挑战，和大家共勉。

一天没见宝宝，好想她

01 当妈后，如何选择人生道路

当妈后，你的事业受影响了吗

曾经的我，幻想生娃以后的人生，是电视剧里那种完美妈妈的形象：夫妻恩爱，孩子乖巧，事业蒸蒸日上；家庭美满，身材窈窕，人生尽在掌控。然而生娃以后发现，孩子不是运行精密的机器，完全不按照常理出牌：书上说，孩子 3 个月以后就可以睡整觉了，结果我们家娃到了 1 岁半还会一晚上醒两三次，我有整整一年的时间晚上没睡过囫囵觉；拍完奶嗝，换完尿布，结果娃居然 5 分钟内又拉尿了两次，哭着喊你换尿布……

而在你觉得自己快支撑不住，向亲朋好友求助的时候，得到的答案大多是"过两年就好了""我们年轻的时候都是这么过来的"这种毫无建设性的回答。所以，生娃以后，我最深刻的感受不是幸福感，而是人生失去了掌控。

生娃对女性事业的影响更是显而易见的：作为一个妈妈，别人在拼进度加班，你需要定时回家奶娃，职场竞争力下降是不可避免的。之前蒸蒸日上的事业可能会在原地停摆个两三年，无论是加薪还是晋升，都很可能与你失之交臂。

怎么办呢？

如何选择下一步的人生道路

当妈这件事，对于人生来说，是危机和机遇并存的一件事。

首先，生个孩子并不会毁掉你的工作，这两者并不是"鱼与熊掌不可兼得"的关系。生孩子确实会给妈妈带来很多负担，但这并不意味着你选择了事业就不能生娃，生了娃事业就再无出头之日。职场上要面临的挑战很多，生孩子只不过是其中一个而已，充其量算是个"阶段性战役"。生孩子也绝对不会终结你的职场生涯。

但是如果我们"事业""孩子"都想要，也少不了要提前规划。包括但是不限于：

1. 事业可能会停摆1~2年，如何应对？——做好心态调整；

2. 何时回归，未来职业规划是什么？——设定职场目标；

3. 若不能适应原来的工作，转型方向是什么？——要有 B 计划。

关于第三条，要不要有 B 计划，主要取决于你在职场所处的阶段：如果你已经做到行业的前 10%，只要这一行仍处于增长状态，就可以暂时不考虑 B 计划。产假结束后迅速提升工作状态，专心做好本职工作，就比其他事情收益更高。如果你像我一样，深耕某个行业数十年，正在遭遇职场瓶颈，而且这一行业未来增速有限，那么，不管生不生孩子，你都需要一个 B 计划。

至于如何找到适合自己的 B 计划，主要在于 3 个关键步骤：挖掘自身优势、勇于探索、不断修正前进方向。但是最重要的还是坚持，找对方向以后，还要持续行动才行。

最后，我想说，有选择本身就是好事。

"事业 VS 孩子"是个女性一直要面临的问题，类似的还有"工作 VS 家庭""职业 VS 生活平衡"，等等。虽然是老生常谈，但是我仍然觉得这些问题很有意义。越来越多的女性在思考这个问题，本身就代表着社会在不断进步。

未来有的选，能自己去选，本身就是一件值得开心的事情。对于我们来说，能够忠于自己的内心做出选择，比迎合他人的需求更重要。幸好，这个时代也给了我们做出自己选择的机会。

02 全职妈妈如何避免失去竞争力

比起职场妈妈，当代的全职妈妈面临的是一条更加艰难的道路。全职妈妈显而易见地会遇到至少以下几个困难：职业道路中断，很难在带娃和做家务中实现自我价值，无力反击不友善的社会舆论，内心焦虑。

道理大家都懂，然而对于女性来说，生活的剧本远比书本中的理论要复杂得多。

选择全职妈妈，往往是被动的

和我们想象的全职妈妈不同，如今更多的全职妈妈，过的并不是"老公赚钱养家，我来貌美如花；跑步插花瑜伽，购物闺蜜喝茶"的生活。全职妈妈也不是她们的首选，这个选择更多的是面对当下生活的一种无奈之举。

我比较幸运，家里老人愿意帮忙带娃。产假一结束，我就重返职场了。然而还有很多妈妈面对的情况是：老公工作忙，小孩没人带，保姆不放心，托管机构贵。和老公一算账，无论是经济性考虑还是育儿的质量，自己回家带娃都是眼前最合理的解决方案。

这么说吧，如果夫妻两个都是外地人，在大中城市安家，本地举目无亲，生活成本又很高，妻子产后做全职妈妈的概率就非常高。这种被迫卜岗的全职妈妈，在我们身边比比皆是。这时候，无论你学历高低、收入多少，都只能做出同样的选择。如果这时只是跳出来跟她谈做全职妈妈的风险，说她不应该把未来寄托在老公的身上……道理大家都懂，可是远水解不了近渴，眼下的问题该怎么办？

大家的出发点可能都是好的，恨铁不成钢的善意也是有的，可是抛开客观实际只喊口号，对我们的生活并没有什么指导意义。如人饮水，冷暖自知，每个家庭都有自己的实际情况。如果看到一个全职妈妈就冲人家大喊"你和社会脱节了""你和你老公没有共同话题了""你老公肯定会嫌弃你"……不仅看低了女性的独立思考能力，对那些辛苦养家、没有坏心眼的老公也不公平。

真正决定妈妈人生的不是工作，而是对待生活的态度

很多全职妈妈都会说，在家待了几年以后就感觉自己失去了事业心，日子过得波澜不惊，死水一潭。要是猪队友不给力，沦落到"丧偶式育儿"的境地，人生就更加灰暗了。

然而，我也认识很多生机勃勃的全职妈妈，不管是带娃还是生活，都打理得井井有条，令人羡慕。在她们身上，我深刻地感受到一点，那就是日子过成什么样，其实起决定性作用的是性格和方法，跟有没有工作关系不大。做一个优秀的全职妈妈，我有以下几点建议。

1. 找到合理的参考对象。

很多妈妈带娃的时候，身材对标的是超模或者女明星，生完娃 1 个月恢复身材、貌似少女；事业上对标的是写出《LEAN IN》(《向前一步》) 的亚马逊高管谢丽尔·桑德伯格。这些公众妈妈的形象符合社交媒体热议的"完美妈妈"，然而，对普通人并没有什么借鉴意义。

事实的真相是，我们是个普通人，过的是普通的生活。我们没有保姆团队，没有随行工作人员，我们能够调动的资源就只有自己的 24 小时。独自带娃的时候我们可能连口饭都吃不上，生完娃以后可能两三年都没办法恢复原来的身材。

在职场也不过是朝九晚五、一周 5 天的工作，带娃可是"24 小时 × 7 天"全年无休啊！更多的妈妈，离完美很远，离崩溃更近一些。

261

那么，在为人父母这条漫漫长路上，承认自己是个普通妈妈，心平气和地正视自己的缺点，在育儿路上和孩子一起成长、共同改进，是比对标不切实际的"榜样"更有用的真实育儿法则。

降低对自己一个人带娃的预期，全职妈妈的心情会快乐很多。

2. 不要把口号式的鸡汤当成人生真理。

在家休产假的时候，育儿公众号就是我的焦虑来源，比如《这三个事情不做影响孩子终身》《这些育儿道理你现在才知道就已经晚了》《三岁之前的这段时光决定孩子的一生》……我的人生虽然没有被外卖和信贷毁掉，但是育儿焦虑成功地"绑架"了我。

全职妈妈也是一样。很多标题党为了赚流量，动不动就打出这种题目：《如果再给我选择一次，绝不做全职妈妈》《做全职妈妈三年，发现自己成了人生输家》……

这些文字大概率都是一种营销套路：先用贩卖焦虑的题目、煽动情绪的文字推波助澜，给你展示所谓"完美妈妈"的生活状态，等到你看得自惭形秽以后，再把"完美妈妈"变成一个消费符号，引导你用消费化解焦虑：《买了这个产品就离完美妈妈更近了一步》《全职妈妈要舍得为自己投资》……

所以，远离这些有毒鸡汤，不要被营销套路绑架，是提升幸福感的关键。

3. 找到合适的自我奖励方式，及时给自己回血、充电。

带孩子真的不容易，所以全职妈妈必须找到一些自我奖励机制，让自己更开心，不断地充电。

一个人带娃很苦很累，奖励机制必须立竿见影才行。

如果吃掉一整个肯德基的全家桶才能让你振作精神、元气满满，那就马上下单，即使胖一点也是值得尝试的——两害相权取其轻啊！

如果你需要和亲朋好友聊天才能排遣心情，那就马不停蹄地跟他们约时间，语音、视频、电话，总有一样能帮到你。

如果买买买让你斗志昂扬，那就给自己安排一个购物日，两手满满地走出商场，回家以后越看越开心……

如果以上几种方式都奏效，那就见缝插针地给自己安排起来。方便面尚且有保质期，也没有能管一辈子的鸡血。全职妈妈需要找到适合自己的心理调节机制，定期充电，才能开心地把全职妈妈这个工作继续做下去。

全职妈妈也可以拥有职场竞争力

相比工业社会只有出门才能获得工作，现代社会发达的网络给人们创造了更多的就业机会，也让全职妈妈们在家带娃的时候，能够见缝插针地赚取收入。

如何做到一边在家带娃、一边保持自己的职场竞争力，我有下面几条建议。

1. 不要和过去的行业失去联系。

如果想从事之前的行业，过往工作积累的人际关系和资源不能丢。职场发展，前期靠自身努力，后期靠对资源的整合能力。这时候，过往的工作经历和资源，就是职场跃迁的敲门砖了。

除此以外，在家带娃的时候，也要做到：定期关注行业动态及业内新闻，让自己保持职业敏感度；仍然和猎头保持联系，投递一份简历，了解自己目前在就业市场的竞争力。这样才能给自己重回职场创造更多的机会。

等孩子稍大一点，妈妈可以积极参与各种公益活动、职场成长社群等，既能够满足妈妈了解其他行业、关注外部变化的需求，又能够结识志同道合的职场精英，一举多得。高质量的资源从来都是职场进阶的敲门砖，能够拥有高质量人群的交流渠道本身就是职场软实力的象征。

2. 如果做兼职，眼光要放远。

作为一个全职妈妈，无论我们做兼职是为了改善家人生活、获得更多收入，还是想要证明自己的能力，都是很好的初衷。但是，在我们做兼职的过程中，眼光要放远一些，不要过于急着获利，盲目追求成功。

对于一个全职妈妈来说，重新开始工作，其实是需要一点时间适应的。毕竟已经脱离工作很久了，想要马上无缝对接，那是不可能的。

全职妈妈首先需要做好市场调研，然后在实践中学习和提升，而不是一味的学习。现在市面上各种学习班的主力学员都是妈妈们，大家想通过学习一门技能提升自己，实现技能转化获利，这个方向是对的。但是，很多妈妈都沉迷在学习这件事情中无法自拔，总觉得学无止境，自己的水平还不够，忘记了自己的初衷是技能转化获利——一味的输入，忽视了输出。

在商业思维中，一个产品能否盈利，决定因素并不是它的品质，而是看它能不能找到自己的消费群体。我自己做PPT的水平就非常一般，所以有时候会请一个朋友帮我有偿制作。虽然他不是什么名家大师，但是只要做得比我好，我就愿意付费给他。所以，即使你的水平不是特别高，但是只要你能找到认可你的人，你仍然可以通过给他提供价值换取收益。

最重要的是，技能是需要不断练习才能够提升的。在实践中提升，用收益给自己正向鼓励，督促自己不断进步，才是最有效的方式。

3. 重视时间投入产出比。

很多全职妈妈在做兼职的时候，往往只看收益，不看投入产出比。

啥意思呢？就是很多人觉得，只要这件事情赚钱就可以做，反正我赚一块算一块，不动就没有钱。

但是大家往往忽略了两个问题：全职妈妈的时间是很宝贵的；有些兼职比其他兼职更赚钱。

如果你来者不拒，什么都接，什么都肯做的话，就会出现下面这种情况：你越来越忙，但是收入并没有随着时间的增加而呈线性增长，而是长期在一个范围内徘徊，无法突破。

如何避免这种情况的发生呢？

很简单，你要给自己定一个标准，低于这个标准的兼职就不要做，把有限的时间投入到价值更高的事情上去。这个标准是你要根据自己目前手头的兼职来综合衡量的。比如说你可以先列一个表格，把它们用表格的方式呈现出来。下面是我前几年给自己列的一个表格。

	项目	投入时间（小时）	收入（元）	每小时价值（元）
1	线下社群讲座	1.5	3000	2000
2	公众号约稿	4	5000	1250
3	写专栏	2	8000	4000
4	动画大纲	5	4000	800
5	定位咨询	1	1300	1300

写好表格以后，我按照升序排列了,各种兼职的每小时收入。在这个表格中可以看到，单位时间收入最低的是动画大纲制作。虽然总价格不低，达到了 4000 元，但是它的耗时也是比较久的，直接导致了单位时间收入偏低。

因此，如果我有 6 个小时可以用来做兼职，能给我带来最大收益的，肯定是写 3 篇专栏，赚 24000 元；而不是去做动画大纲，赚 4800 元。同样的时间投入，收益差了 5 倍。这虽然只是一个比较理想的情况，但大家仍然可以按照我的思路，给自己也列个表格，想一想哪些兼职在你的列表里是需要末位淘汰的。

还有就是，根据吸引力法则，如果你一直在某个高价值领域耕耘的话，后面再来找你的也会是价位差不多的工作。那些鸡肋的兼职机会，会越来越少，直至从你的兼职列表里剔除。

所以，珍惜时间，把自己的状态从"工作安排得满"调整到"单位时间越来越值钱"，这种重视投入产出比的做法，才是明智的。

毕竟，一个全职妈妈的时间是很宝贵的。空下来的时间留给休息和放松，才能让自己在兼职的时候状态更好，良性循环，不是吗？

03 重回职场，如何尽快适应

养娃以后，世俗意义的成功似乎离我越来越远，但是身边随处可见的小事却让我成就感满满。职场和育儿赛道的无缝切换让我发现，其实成功从来没有一个固定的形式，生活中那些被我们忽视的小细节，往往能够带来意外的惊喜。感谢我的孩子，让我能够换个角度看待人生。

适应了自己职场妈妈的身份以后，我其实一直在思索，为什么在很多人的脑海里，总是觉得"职场"和"妈妈"两个词是割裂的呢？

其实职场教会我的很多事，都被我用在了养孩子的过程中：遇到孩子哭闹，给全家人建立一个排除问题的 SOP；把孩子的生日宴当成是一个市场活动来做；用做活动预算的方式控制养孩子的花销……对于我来说，妈妈是不可割裂的自然身份，职场是无法分离的社会属性，没有厚此薄彼的说法。可能妈妈身份会让我在职场上的一部分竞争力有所下降，比如无法承受长期出差之类的，但是与此同时，我也有了更广阔的天地发挥自己的长处，此消彼长，我的职业生涯未必会走下坡路呢。

与其害怕变化，不如拥抱变化，成为"职场妈妈"其实变成了我人生重新出发的一个契机。

直面职场的歧视和不公平

回归职场以后，很多妈妈会面临这样一个情况：领导和同事明着不说，但是重要的工程和项目总也轮不到你。换言之，你会遭遇生娃后的职场歧视。

要解决这件事情，就必须先接受现实：我确实是一个妈妈，重返职场之后，别人拼进度要加班，我要回家奶娃，不可避免的，职场竞争力确实下降了。

如果不想让别人歧视自己的职场妈妈身份，我觉得应该做到以下几点。

首先，调整自己的职场态度。

即使我们当了妈妈，在职场仍然要兢兢业业，不要把自己当成是特殊人群。怀孕时工资并没有打折，那么工作就应当百分之百地尽力完成。有了孩子以后更加繁忙，那就应该尽量提高时间的利用率，而不是上班的 8 小时随意浪费，快下班了再抱怨工作压力太大，家庭和工作无法兼顾。

作为一个职场妈妈，我更愿意对我的孩子说"因为你，妈妈变成了更好的自己"，而不是"妈妈为你牺牲了很多，要不是因为你，我本来可以怎样怎样……"

其次，注意自己的日常言行，不要把"妈妈"这个标签太多地带到职场中来。

当了妈妈以后，操心的事情确实多了很多，而且这些事往往都和孩子有关。但是，请尽量避免在办公室聊家事，尤其是孩子的事情。其次，当工作状态不佳或者是需要请假的时候，只说自己的原因，不要以家庭、孩子作为挡箭牌。

职场妈妈们最常见的问题是，她们尽可能地规避了前一条，但是在去请假或者给自己工作状态不佳找理由时，她们往往又会倾向于打亲情牌。

换位思考一下，当领导总是听你说"哎呀，昨天孩子生病了整夜没睡，所以今天统计数据老是出错""下午家长会我必须要去，所以要请个假"的时候，领导嘴上会说"对对对，孩子最重要"，但是心里肯定会暗中嘀咕"已婚妇女就是事儿多，耽误工作"。长此以往，找个新人代替你，也就是迟早的事儿吧？

所以，尽量做到"工作归工作，生活归生活"，才是一个敬业的职场人应有的态度。

实话实说，身为女性，不管是选择相夫教子，还是在职场打拼，或是两者兼顾，都不是一件容易的事情。

身为职场女性，隐形的歧视无处不在。刚毕业找工作那会儿，公司怕你一入职就结婚生子休产假；生完孩子的员工，人力资源经理又怕你生二胎；而当你生完孩子回到用人市场的时候，大家又会默认你已经没有精力去承担一份有挑战的工作了。

但是人生不就是这样吗？不仅是经济有繁荣和萧条两个阶段，职场和人生也有上行和下行两条通道。作为一个普通人，我们终其一生可能都是在与这些起起落落不断地抗争。

最后我想说，要想在职场上不被歧视，解决方案无非就是一句话：你尊重工作，工作就会给你回报。过人的工作能力和不把自己当特殊人群看待的心态，才是职场上无往不利的攻城利器。

女性的危机，来自人生的各个阶段。职场道路的每一步，都像逆水行舟，不进则退。

职场妈妈是否需要重新规划职场道路

是否需要重新规划自己的职业道路是很多妈妈都面临的实际问题。让我们来具体分析一下。

如果你从事的是医生、老师这类越老越吃香的职业，那么当妈妈对你的职场竞争力并没有特别显著的影响，重设职业道路不是刚需，主要看个人选择。但如果你从事的是IT、销售这种需要拼体力和时间的行业，那么当妈妈对工作的影响显而易见，这时候就必须早日做出规划，才能不被职场淘汰。

重新规划职场道路需要理性对待

有很多妈妈在重新作职业规划的时候，容易头脑一热，跟过去说拜拜，一头扎进一个毫无积累和经验的新领域。这里我想说的是，职业规划需要理性对待。

重新规划职业道路并不代表着完全抛弃过去。职场重新出发和计算机重新安装不一样：计算机重装，一切归零；但是职业规划重启，不是这样的玩法。在职场上，你走过的路，每一步都算数。用好你过往的职场经验和积累，从过往中找到未来的突破点进行规划。

每一个过往的职业经历，都会给我们留下非常宝贵的技能和经验，要重视其中可以迁移的经验。所谓可以迁移的经验，就是在任何工作岗位都需要的技能。比如你的统筹规划能力，你的简报汇报能力，你的团队协作能力，等等。不管做什么工作，这些软技能都会伴随你一生。

怎样进行职业规划

未来的职业趋势就是，不可替代的越来越贵，可替代的不断被淘汰。我们这代人应该很难在一个领域从一而终了，必须要有"活到老，学到老"的思想准备。所以对于职场妈妈们来说，借着这个契机重新规划自己的职业道路，未尝不是一件好事。

对于需要把重新规划职业生涯提上日程的妈妈们来说，我有以下几个具体的意见和建议。

1. 先认清楚当下工作存在的问题。

你觉得需要改变的主要原因是什么？——办公氛围对职场妈妈不友好？上升空间有限？陪伴孩子的时间太少？还是觉得这份工作已经不能让你有成就感了？

想清楚当前工作存在的问题，你才知道未来自己想要的工作是什么。有的放矢，效率会高很多。

2. 明确自己未来 5 年的人生目标。

职业规划要和人生目标匹配，不然就会陷入一直工作、一直拧巴的困境。

3. 综合调研你想去的行业，获取业内人士的具体信息。

这一行是朝阳行业还是前景尚不明朗？外行看热闹，内行看门道。找个业内人士做一次具体的咨询和沟通，可以快速地对这一行形成更加明确的认识。只有信息足够多，才能够做出更有利的判断。

4. 多给自己一些尝试的机会。

就像我们大学毕业以后需要经过几次跳槽才能找到最适合自己的工作一样，重新进行职业选择也是如此。职业道路的选择从来就不是一劳永逸的，给自己多一些试错机会，你的目标会更加清晰。

"家庭事业平衡"，可行吗

如果说开咖啡店、书店是小女生的愿望，那么优雅地过上生活事业平衡的日子，就是很多已婚女性的绮梦了。

什么状态可以称为"家庭事业平衡"？真的有平衡吗？如何才能获得平衡呢？下面我们来一一解答。

声称自己获得平衡的女性，多半已经事业有成。

如果你去阅读成功女性访谈，你会发现，那些被叫作"人生赢家"的女性，都有一个前提：她们已经是自己领域的成功人士。所谓的"生活事业平衡"，指的是她当下的生活状态。如果你愿意往前翻一翻，网上多半还有她成功前努力打拼的记录，处在事业上升期的她们，是不会大谈特谈"平衡"这个主题的。

普通人其实也是一样，如果你还没有掌控全局的能力，光是每天谁接送孩子上学、工作怎么安排、晚饭吃什么这些事情就让你焦头烂额了，哪还有什么平衡可谈！对于大部分人来说，先集中精力搞定一个领域，给自己减少后顾之忧，然后再处理其他问题，可能是更加现实的做法。

一味地去追求平衡，只能陷入形而上学的困境。

很多宣称能够帮助职业女性做好时间管理，从而获得"平衡"的书籍和课程都没有说出一个残酷的事实：你真正能够掌控自己时间的能力，主要来自你拥有的资源。

"紧急不重要""重要不紧急"的四象限管理法则大家都懂，但是当哇哇大哭的孩子和火烧眉毛的工作同时找到你，如果有人能帮你带孩子，那好，你的四象限稳定且继续运行。但如果没人帮你，你首选了安抚孩子，你的四象限就此崩塌。

如果你和我一样，还在为公司会不会降薪裁员而担心，那么恐怕我们都没有追求平衡的资本，我们还得为还房贷车贷、解决生存问题苦苦挣扎。如果万一沦落到全家人饿肚子的境地，平衡的意义又在哪里？

所谓的平衡，真的不是每天把时间均衡地分配给学习、工作、家庭，而是当你想要工作的时候，能够安心处理项目，没有后顾之忧；当你想多陪陪孩子和家人的时候，能游刃有余地安排好工作；当你想要自我提升的时候，可以既不耽误生活，又能给自己创造更好的学习条件。

人生一程又一程，只有不断的挑战，没有持久的平衡。

人生是个持久战，我们大部分时间其实都在拼搏：

十八九岁的时候挑灯夜读，朝着理想的大学进发；

二十岁出头，踌躇满志地踏入职场，想象自己成为下一个改变世界的人；

遇到生命中的另一半，一起走入人生新阶段，努力建设自己幸福的小家庭；

迎来新生命，成为父母，从此肩上多了一重责任和义务；

人近中年，上有老、下有小，你成了全家的顶梁柱。可能你已经积累了不少财富，现在最担心的是老人的身体和孩子的成绩；也可能你遭遇了职场危机，正在谋求转型……

努力拼搏的姿势是很难优雅的，但谁说汗水就不动人呢？

04 宝妈重回职场锦囊

全职宝妈重入职场需要做的准备

作为一个在行求职类"百单行家"，我帮助过很多全职妈妈重新求职。总结了一下过往的成功经验，我觉得全职妈妈在重回职场准备面试的阶段，应该做好以下 3 件事情。

1. 正视自己的优缺点，做好重回职场的心理建设。

全职妈妈再次求职的时候，职场竞争力确实大不如前了。一是因为前面几年在家带娃造成的跟工作脱节，重新适应起来有困难；再有就是所有职场妈妈都会面临的共同难题，一边是工作，一边是家庭，彼此牵扯。

但是，全职妈妈们也是有很多优点的，比如踏实耐心、勤劳肯干，遇事沉着冷静等，这些都是长期和孩子打交道的过程中磨炼出来的，也是过去的经历带给全职妈妈的礼物——这点在工作中其实非常难得。

正所谓"知己知彼，百战不殆"，知道了自己的优点和缺点，在进行职业选择的时候，也就更有针对性了。举例来说，如果一份招聘启事上写的要求是"能够适应高强度的出差"，那你就会知道，一个单身人士应聘这份工作的成功率一定比你高，那么就无须考虑这份工作了，直接换下一个。

职场的发展，最好的选择是发挥长板效应，把自己的优势放大再放大。最差的选择就是用自己的缺点去跟别人的优点竞争，那一定会输得很惨。

2. 提早进入工作状态，面试时更有底气。

我们常常说全职妈妈和社会脱节，其实是因为妈妈们常年全身心地围绕家庭和孩子，对行业的发展、工作的节奏变得不敏感了。但是，这个是可以调整的。方法很简单，就是先找一些兼职或者项目做一做，让自己重新找回工作时候的状态就可以了。比如自己的计划是孩子3岁上幼儿园后就重回职场，那么在孩子2岁半左右的时候，就可以主动去找一些与自己未来职业道路相关的兼职或半职工作先做着。

我也知道有些全职妈妈，一边带娃一边还坚持做一些副业赚钱，根本没有停止过工作。这样的妈妈如果想重新回到朝九晚五的职场，进入状态会更快一些。工作状态这个事情就是这样，"惟手熟尔"。

一旦你重新进入了工作状态和工作节奏，在面试的时候，HR 是可以从你身上感觉出来那股精气神儿的。虽然你简历上写的是之前在家全职带娃，但是你的精神面貌是与其他全职妈妈有所区别的。与此同时，你还可以跟 HR 讲，我为了早日回归职场，从半年前就开始做兼职、做项目，提升自己的状态——HR 也会感受到你的诚意的。

3. 面试是个技术活儿，多争取几次实战机会很重要。

面试这件事情，大家不要想得太神秘。面试其实主要看两点，"你是否是我们想要找的那个人""你是否能够胜任我们提供的这份工作"。

但是，如果你面试后收不到录取通知，原因可能有很多，比如"你很好，但是有人比你更好（更便宜）""很抱歉，最后这个职位取消了""虽然你能力很强，但是你没办法'996'"，等等，当然也少不了大家最介意的家庭和性别问题。

以上这些，都是我们没办法决定的部分。如果真的遇到，不要太耿耿于怀，往前看就好。世界这么大，总有一些适合我们做的工作。

那么，面试怎样才能表现优秀呢？

除了对自己简历的情况了然于心，注重细节，以及准备一些回答技巧外，实战也很重要。面试其实就像无固定台词的舞台剧一样，演

281

员对舞台越熟悉、上场的次数越多，感觉也就越放松，也就越容易表现出彩。因此，多给自己争取一些面试机会，从实战中总结经验教训，不断地复盘，是提升自己面试水平的最快捷方式。

最后，坚定信念，不要随便被别人的偏见影响。全职妈妈重入职场确实会遇到很多阻力，但是，生活是不会因为你已经很难就降低对你的考验的。因此，不要因为别人有什么看法，就改变自己的初衷。只有越过这个坎儿，情况才会得到实实在在的改善。

全职妈妈如何准备面试

全职妈妈重入职场，准备面试，可以分为以下 3 个步骤。

1. 了解你要去面试的企业和岗位。

面试之前，要了解你面试的企业和岗位，了解这家企业推崇什么文化以及这个岗位的工作节奏和工作强度。

比如你去应聘一个节奏稳定、基本没有什么加班的职位，那么你就知道未来的生活节奏多半不会被打乱。但是，如果你去面试的是电商、设计、文案策划这一类加班较多的工作，那么在当前的情况下，恐怕不加班才是例外。

选择没有好坏之分，但是，选哪一行，就决定了未来的生活状态。

2. 用好面试机会，考察是双向的。

作为一个职场人士，你要知道，选择是双向的。不仅面试官要考核你是否能胜任他们提供的职位，你也要考察这个企业和岗位是否符合自己的期待。

从职场发展来讲，如果你的价值观和公司的价值观不能高度一致，你在这家公司待的也不会开心，更无从谈未来的发展了。因此，如果在面试中感觉到双方的价值观不匹配，那就不要强求，不然只会浪费双方的时间。

面试过程是应聘者和公司管理层、行政人员最直接的打交道机会，你可以近距离了解公司的文化和氛围，也可以更好地做出判断。

3. 面试中如何回答"家庭事业平衡"的问题。

一般来说，面试后半段比较容易出现这个问题。大部分情况下，这道题其实是一个"压力问题"，也就是说，HR 想测试一下你遇到这种两难选择的时候，现场如何反馈。

压力面试是常见的面试套路之一，面试官会在压力面试的时候有意制造一些难题，让候选人在压力下做出最自然的反应，以了解求职者的压力承受能力以及应变能力。

清楚了这一点，其实也就知道了回答的套路。只要有理有据、镇静自若地回答问题就可以了。

如果你在刚刚遇到这个问题时有点儿发蒙，那么我建议先用下面这句话来缓解一下自己的情绪，给自己多几秒时间来构思一下回答，组织一下后面的语言："感谢您的提问，关于这个问题，其实我在来之前就有过比较深入地思考。"

　　铺垫完毕，接下来正面回答问题，先承认现状："我是这样认为的，在组建家庭、结婚生子以后，确实会遇到工作和家庭之间相互牵涉精力的问题，这是不可避免的现实情况。"

　　然后说自己的解决方案："能够在8小时内处理完手头的工作准时下班，是每个职场人的理想。我自己也会努力在工作时间高效完成公司交给我的任务，尽量不加班；但是如果公司遇到一些比较关键的项目需要我顶上，那我也会在安排好家庭事务的基础上全力以赴，这也是一种必备的职业素养。"

　　在这段不卑不亢的回答中，你既点明了自己的能力，也给出了自己的解决方案，相对来说，这是一种比较得体的回答方式了。

　　这两年就业市场不景气，留给女性的职位更是越来越少。所以很多女性在求职的时候心情真的是千回百转，生怕自己一个不小心就错失了一份好工作。但是你要知道，最终决定能否拿到录取通知的，不光是面试中的得体回答，还有自身的实力。

　　拆解完这个问题以后，其实我最想引用的是张泉灵面对这个问题时的回答：

"我要明确告诉你的是，我很讨厌这个问题。因为这个问题背后，本身就是偏见。我们这个社会多元了之后，不应该有这么多的角色偏见。这个问题其实是给女企业家加了另外一层要求，就是你不仅要管公司，而且如果你不管孩子的话，你就不是一个好妈妈。这是一个非常不公平的评价，非常非常不公平。我特别好奇，你们采访男性企业家的时候，会问平衡性的问题吗？"

希望社会为重返职场的妈妈们提供更多的就业岗位，以及更加舒适的工作环境。

后　记

　　我从小就喜欢写作，也有一个成为作家的梦想，没想到能够在35岁这年梦想成真。我首先要感谢的是我的家人们，他们是我写作这本书的动力来源。我和我老公都是小镇独生子女，长大后离开父母，来到新的城市安家立业。这本书里提到的各种问题，都是我们在婚后备孕、生娃、养娃过程中真实遇到的情况，也是很多像我们一样的新手爸妈的生活现状。我的爸妈和公婆，是两对开明、乐观的长辈，无论是生活还是带娃上，都给了我们非常大的帮助。我女儿史包包，是一个活泼可爱的宝宝，除了晚上不爱睡觉以外没有其他的不良嗜好。书里写了很多我们日常生活的故事，等史包包长大后识字了，看到这段她可能已经不记得了的2岁之前的时光，一定会感慨万千吧。

　　我大概是2018年年底注册了"陈人可"这个账号，开始了在知乎的创作。能够走上这条路，找到一个适合我的平台，被读者需要，被出版社约出书，我要依次感谢以下这些对我产生了重要影响的老师和朋友们。

第一个要感谢的，是秋叶大叔。我刚生完孩子那会儿，整个人非常迷茫。职业上没有上升空间，对当妈这件事也是一知半解。但是，在秋叶大叔的个人品牌课中，我找到了自己的价值，也找到了自己努力的方向，更别提还遇到了我一直关注、学习的萧秋水老师。和我一起上课的同学中，有很多已经是畅销书作家。这些经历，让我第一次隐约有了"我也想写一本书"的想法。

第二个要感谢的，是 Sean Ye 老师。我刚开始写作的时候，对于写什么方向，去哪个平台开始创作，其实都是两眼一抹黑的。这个时候，Sean Ye 老师给了我很多的指点和建议。在深度拜读他作品的几个月后，我被他那篇"为什么选择在知乎写作"的回答折服，开始了在知乎深耕的道路。我开始创作以后，发现知乎对新手创作者真的非常友好，我不仅交到了很多好朋友，有了稳定的读者群，还获得了很多值得骄傲的奖项和成绩。在知乎创作是我事业的新起点，Sean Ye 老师是我知乎创作的引领人。

第三个要感谢的，就是知乎亲子的运营负责人魏巍女士。我的作品有机会被出版社邀约出书，她居功至伟。我最早在知乎写作的初心，其实就是想写点儿带娃中家长里短的故事。但是她坚信，在母婴领域，不应该只提供情感价值。面对无数妈妈们具体的困惑，只有提供解决方案和有参考价值的作品，才有更强的生命力。在她的建议下，我开始从自己擅长的职场妈妈领域写起，写出了一个又一个高赞回答。我拥有了一批非常忠实的读者，也从无数妈妈们热烈的反馈中，知道了她的意见有多宝贵。

对于我们这一代父母来说，育儿所面临的问题，很多都是人类几千年来没有遇到的新情况。老一辈的经验很多已经行不通了，我们需要自己积极地想办法才行。我在创作中一直想传达这个观点：妈妈不是一个脸谱化的符号，而是一个个真实存在的不同个体。遇到带娃具体问题的时候，要给妈妈们更多的解决方案，而不是告诉她，有爱就够了。我自己不是一个苦行僧似的带娃标兵，也不鼓吹妈妈们应该无条件奉献。妈妈首先是她自己，然后才是一个妈妈。我们应该关心妈妈这个人，而不是急吼吼地去定义她。

最后，我要感谢这本书的责任编辑王晓罡老师，感谢这本书的策划编辑叶凯娜老师。他们对这本书的信心，比我自己还大。他们两位不遗余力的努力，让我深深拥有了被信任、被认可的感觉。感谢李海峰老师，他得知我要出书以后，没事就督促和鼓励我，还专门为这本书写了推荐语。感谢猫叔，我去年在他那里学到的最重要的一课，就是凡事要趁早，行动才是一切的解药。感谢杜碧珊和夏小瞳老师，我和她们两位相识多年，把我们的名字印在同一本书上是我们的约定。感谢在知乎和我一起创作的志同道合的朋友们，齐雪、左歪、皮实妞、Cecilia、七优、霜溪不冷、博博的宝宝、老沐哥、Rachel 品吆、左飞 Jacky、Yunya 麻麻、弦歌缓缓、萌芽、赞书房、三分白、禾果妈妈，我的好朋友吉可心、邝晓敏、邻三月、江晓露、可白、康凯珊、曹画、筝小钱、韩老白、贾小凌、贵妃、宇彤、杨坤、陈琳云、潘颖冬、小红红、贾双、张庆、刘晓萌、罗莎、孙云萍、王美玲、李瑶、钟惠端，以及所有关注我、给我支持的朋友们。